“大美育课堂”新形态教材

中外经典城市景观赏析

◎主　编　何韶颖

◎副主编　汤　众　陈佳琪

重庆大学出版社

前　言

城市，让生活更美好；诗意栖居，是城市居民的共同心声。作为人类文明最伟大的产物之一，城市以其纷繁的物质景象及多姿的人文现象呈现在人们面前，各种自然和人工要素在其间交织并相互作用，从而激发出丰富多彩的城市景观。

城市景观是“景”与“观”的结合。欣赏城市景观，一方面要理解不同的历史、地理和文化等条件对城市景观的塑造作用，另一方面也要关注人在城市中的活动与体验。本书首先简明扼要地阐明城市景观赏析的概念、理论和方法，构建了城市景观赏析所需具备的知识体系。然后，根据景观风格和景观主导因素的不同，将城市分为自然山水景观城市、历史人文景观城市和现代人工景观城市三大类别，每一大类又相应划分若干个子类，如自然山水景观城市划分为滨水城市、山地城市和山水城市；历史人文景观城市划分为古代都城、文化艺术之都、教育名城和商业都会；现代人工景观城市划分为现代首都、综合性国际大都市、娱乐消费城市和后工业景观城市等，每个子类精心挑选经典的中外城市案例，从城市整体景观风貌、城市景观格局、城市特色景观等层面，阐述不同类型城市的景观个性特征。全书34个中外城市案例的赏析，展示了大量图片，深入浅出，满足公共选修课全面性、普及性和专业性的要求。

本书是大美育人文通识教材，以学科交融为优势，一方面可对学生进行人居环境相关知识的科普，另一方面可提升学生对空间环境的审美能力，满足高等教育发展新阶段的需求。此外，本书采用新形态教材的形式，打破纸质教材的局限，添加可视性强的动态视频，增强了教材的表现力和吸引力，并可根据学生的个性化需求拓展内容，强化了育人功能。通过本书的学习，可以践行教育部《关于切实加强新时代高等学校美育工作的意见》的精神，培养学生挖掘地域环境、文化特色和建筑风格等城市基因的意识和能力，树立人与人、人与自然和谐共处的城市建设理念；从而推动各地打造城市精神，对外树立城市形象，对内凝聚城市认同，以传承城市过去的辉煌、守护现在的资源、谋划未来的发展。

本书第 1 课、第 2 课至第 4 课大部分内容由何韶颖编写，第 2 课至第 4 课部分内容由陈佳琪编写，第 4 课部分内容由汤众编写；本书大多数图片由汤众拍摄，小视频由陈佳琪制作，梁伟雄参与部分文字撰写工作，刘玉珠参与了全书校稿工作，全书由何韶颖统一审定。书中 [ ] 上标为每课的课后注，绿色数字上标为延伸图片素材，可在二维码中扫码观看。书中个别图片虽多方尝试仍无法联系到作者并标注姓名，在此表示感谢。城市景观是物化的城市精神，是社会、政治、经济和文化等诸多要素在城市形态上的综合反映，涉及的领域相当广泛。因编者水平和经历所限，在编写过程中定会出现各种疏漏和欠缺，但编者仍然真诚地期望本书能够成为当代大学生深入了解国情地情、培养文化自信以及探索世界和提高审美情趣的一把钥匙，以帮助学生开启人文精神教育的大门。恳请各位同行专家和读者朋友们多提宝贵意见，以便今后进一步提升和完善。

编　者

2023 年 1 月

目 录

第 1 课
什么是城市景观

1 城市景观的概念及其特性

1）城市景观的概念

城市景观

城市景观是指在城市范围内的各种物质形体环境（包括自然环境和人工环境）通过人的感知后获得的视觉形象，由城市建筑、城市街道、水系、公共空间等多种元素综合构成（图 1–1）。城市景观具有两元结构特征，既包括城市物质形体环境，又包括在其中的人的生活方式与特定的文化活动（图 1–2）。

图 1-1　城市的物质形体环境　汤众 摄

2）城市景观的特性

（1）复合性

城市景观既包括自然景观又包括人工景观，既有静态的设施又有动态的活动。同时，城市景观是“景”与“观”的结合，具有心物结合的二元结构特征，即人在城市中的观察和体验与城市物质形体环境共同构成城市景观的完整概念（图 1–3）。

（2）历时性

城市是历史的积淀，每个阶段的层积过程都留下具有时代特色的痕迹，城市景观是城市不同时代、不同功能的要素叠加起来的结果（图 1–4）。城市景观随着城市的发展而变化，因此具有历时性。

图 1-2　城市的文化活动　汤众 摄

图 1-3　“景”与“观”的结合　汤众 摄

图 1-4　不同时代城市景观的叠加　汤众 摄

图 1-5　城市景观的地域性　汤众 摄

（3）地域性

城市景观建立在城市所处地域的地理、气候及社会文化背景下，所谓“十里不同风，百里不同俗”，不同地域地理、气候、民俗的诸多差异，构成了每一个城市的景观根基（图 1–5）。城市景观的地域性体现在“能让人们读懂一个城市的发展变迁与自身气质，增强人们对城市的认同感，留有深刻印象甚至融入城市”。

2 城市景观风格

根据景观风格和景观主导因素的不同，城市景观可分为自然山水景观、历史人文景观和现代人工景观。

1）自然山水景观城市

自然山水景观城市是指景观以自然形成的河海或山丘等要素为主导的城市，可分为滨水城市、山地城市和山水城市。人们对山水资源的保护与利用奠定了这类城市的景观基本框架；再根据城市的地域特色融入历史文脉和人文景观，三者有机结合，以增加自然山水的意蕴内涵，丰富城市景观的层次（图 1–6）。

2）历史人文景观城市

历史人文景观城市是指历史沉淀深厚，以具有历史人文特质的景观为主导的城市。历史人文景观主要包括历史古迹、古典园林、宗教文化、民俗风情、文学与艺术等类型。

图 1-6　自然山水景观城市　汤众 摄

图 1-7　建于 12 世纪的阿维尼翁[1] 断桥　何韶颖 摄

（1）历史古迹

历史古迹是指人类在历史发展过程中创造并留存下来的遗址、遗迹、遗物及遗风等。它是特定历史时期人类活动的产物，反映特定时代的政治、经济、文化、科技等方面的特点和水平（图 1–7）。

（2）古典园林

古典园林是指在一定地域运用工程技术和艺术手段，通过改造地形（如筑山、叠石、理水等）、种植树木花草、建造建筑和布置园路等方式创作而成的，自然与人工景观相结合的境域。古典园林承载着当地的文化风格，往往是城市中最引人入胜的游览类型之一（图 1–8）。

拙政园

（3）宗教文化

宗教文化是人类社会发展到一定阶段的历史现象，深刻影响着人类的各个方面。城市中的宗教文化主要包括宗教建筑、宗教活动和宗教艺术等（图 1–9）。

米兰大教堂

图 1-8　苏州拙政园与远处的北寺塔 [2]　汤众 摄

图 1-9　意大利米兰大教堂 [3]　汤众 摄

图 1-10　日本大阪道顿堀的夏日祭 [4]　汤众 摄

图 1-11　雨果笔下的巴黎圣母院 [5]　汤众 摄

（4）民俗风情

民俗风情是指一个地区在特定的自然和社会环境条件下，在生产、生活和社会活动中所表现出来的各种风俗习惯。城市的民俗风情景观可分为日常景观和节庆景观两大类，其中加入了时间维度的节庆景观更能集中体现一个城市的人文风情（图 1–10）。

（5）文学与艺术

文学与艺术具有广泛的群众性和强烈的感染力。文学艺术景观包括各种文学或艺术作品中题咏过的自然或人工景观、名人故居、名人墓地等，如武汉的黄鹤楼、杭州的断桥残雪等。这一类景观将文学艺术渗透在城市景观中，具有文化审美的价值和功能（图 1–11）。

3）现代人工景观城市

现代人工景观城市是指由人类活动直接建造的，不同于自然基质，以展现人类大规模、高技术建设和建造成就为主要景观的城市，如一个国家的首都、综合性国际大都市、娱乐消费城市、工业景观城市等。这类城市寄托了人类对现代都市的期许与理解，并大量运用高新技术手段呈现出崭新的城市面貌（图 1–12）。

图 1-12　现代人工景观城市　汤众 摄

3 城市景观构成要素

城市景观具有主客二元结构特征，因此城市景观的构成要素可分为物质景观和活动景观。

1）物质景观

城市中的物质景观是指城市中面向大众的、相对固定的客观物质要素，容纳和支配城市中的各种功能活动，可分为自然景观和人工景观。

（1）自然景观

自然景观是指城市范围内特殊的自然地理条件。“有自然之理，得自然之趣”，在城市建设的过程中，人们充分利用各种自然地理条件，因地制宜地创造出各具特色的城市景观。

①地形与地势

地形与地势是城市发展的依托和制约条件，直接影响着城市外部空间的美学特征。地形可分为山地、丘陵、平原、高原、盆地等类别，地势则表示地表高低起伏的总趋势。所谓“一方水土养一方人”，地形与地势对当地居民的品格和品位有重要的塑造作用，因而也构成了特征各异的城市景观。

根据形状特征的差异，地形可分为凸地形、凹地形和平坦地形。

凸地形包括山峰、山脊线、土丘等，往往成为某一区域的地标或制高点，起到控制和引导视线的作用，常用来表达崇高的权力和地位。凸地形的城市一般建造在一系列高程不同的台地上，具有明显的视线外向性和开阔的视野，错落有致（图 1–13）。

凹地形也称碗状洼地，具有内向性和外部限定性，容易形成内聚活跃的生活氛围（图 1–14）。

平坦地形最为简洁也最为稳定，由于没有明显的地形高度变化，城市的发展不受地形限制，因而容易形成广袤、大气的景观氛围（图 1–15）。

图 1-13　凸地形的城市　汤众 摄

图 1-14　凹地形的城市　汤众 摄

图 1-15　平坦地形的城市　汤众 摄

②水岸

世界上的许多城市依靠水岸发展而成。形成水岸的水体包括江、河、湖、海等多种形式，滨水空间不仅提高了城市的宜居性，也是城市中一道亮丽的风景线。

对于滨水空间的赏析，可从生态维护、防洪改造、功能定位和文化主题四个方面展开。

生态维护是指根据水域自身的环境特色顺势而为，在保留原有植物群落的基础上适当加入本土植物，形成低养护、生态型的滨水景观（图 1–16）。

图 1-16　生态型滨水景观　汤众 摄

图 1-17　防洪改造滨水景观　汤众 摄

图 1-18　不同功能的滨水空间　汤众 摄

图 1-19　彰显城市历史人文特征的滨水空间　汤众 摄

图 1-20　杭州西湖风景区　汤众 摄

防洪改造是指在保证防洪的标高要求的前提下，通过花堤、草坪、绿道、游憩区域等界面形式，在竖向空间上柔化原本生硬的防洪岸线（图 1–17）。

滨水空间在竖向上有不同标高的层级交错，有助于形成错落有致的功能空间，如亲水娱乐空间、健身活动空间、休闲观赏空间等；配合完善的功能设施，能提高滨水空间的宜游性（图 1–18）。

滨水空间通常是城市各个时期的重点发展区域，积淀着丰厚的城市人文历史，带有文化主题的滨水空间可充分彰显城市的历史人文特征（图 1–19）。

③风景区

城市风景区一般位于市区范围或与市区毗连，与市区有便捷的交通联系，可供人们当天来回游览观赏。风景区一般以自然为基底，自然景观与人文景观相融合。自然景观包括自然山水、奇特的地质构造、古树名木、奇花异石等，人文景观包括历史遗迹、文化名胜、考古发现等。

风景区往往是城市景观最具代表性的点睛之笔，中国古代八景文化中八景的选择和命名，也常依托城市中的风景区，形成当地城市特色风物景观（图 1–20）。

（2）人工景观

人工景观是指城市范围内由人类自主创造的城市聚落景观，是表现城市文化的人工建造成果的总和。

①街道与广场

街道与广场共同构成城市公共空间的骨架，是承载城市公共活动和人们体验城市风貌最重要的空间载体，也是构成城市实体景观的主体框架。根据其所处区域功能的差异，街道广场可分为商业性街道广场、办公性街道广场、生活性街道广场、休闲性街道广场等。

位于城市商业区的步行街宽高之比通常为 1 ：（0.7~1），并通过店面招牌、路面铺装、色彩配置、植物装点等多种手法渲染商业气氛，营造良好的商业步行体验。商业广场多处于大型购物中心附近，可通过多种形式灵活的商业展示带动商业氛围（图 1–21）。

办公性街道广场位于城市商务区内部及附近。为了缓解办公人群的工作压力，这一类街道多通过小型绿地、带高差的休闲小广场、充足的阳光与遮阴设施等，营造舒缓、轻松的空间氛围（图 1–22）。

生活性街道广场位于居住区，与居民生活息息相关，通常拥有浓厚的市井气息和地域特色，富有人情味，功能综合，活动多样，具有浓厚的地方性生活氛围（图 1–23）。

休闲性街道广场通常位于城市特色地带，如滨江带、历史文化街区、工业遗址等。这类街道广场能比较充分地展现城市文脉和城市形象，一方面让城市居民认同和自豪，另一方面也能让外地游客慕名而至、流连忘返，成为城市的名片（图 1–24）。

②建筑形态

各地建筑材料和建造技术的差异以及人们不同的建筑观，给每个城市带来丰富多样的建筑形态，从而构成各不相同的城市景观。

图 1-21　商业性街道广场　汤众 摄

图 1-22　办公性街道广场　汤众 摄

图 1-23　生活性街道广场　汤众 摄

图 1-24　休闲性街道广场　汤众 摄

对建筑形态的赏析，可以从视觉要素和关系要素两个层面展开：

视觉要素包括建筑的形体、色彩、肌理等，可充分反映城市居民的审美偏好、建造技术和经济实力（图 1–25）。

关系要素是指各视觉要素之间以及视觉要素与环境之间的比较关系，如城市整体空间形象、城市天际线等；它集中反映了城市整体的形象与特征，是最整体、最直观的宏观城市意象（图 1–26）。

图 1-25　芝加哥杰伊·普利策音乐厅　汤众 摄

图 1-26　香港城市景观　汤众 摄

图 1-27　全城景观眺望　汤众 摄

图 1-28　中心区建筑群景观眺望　汤众 摄

图 1-29　地标性高层建筑物景观眺望　汤众 摄

图 1-30　大型公共建筑物景观眺望　汤众 摄

对建筑形态的欣赏可通过不同圈层的眺望获得：全城景观最适宜的观赏圈层范围为 3000~8000 米（图 1–27）；中心区建筑群景观最适宜的观赏圈层范围为 600~1400 米（图 1–28）；地标性高层建筑物在 250~300 米的圈层范围内可欣赏其完整形象（图 1–29）；多层大型公共建筑物一般具有独特造型，且与开放空间紧密结合，100~130 米是眺望这类景观最适宜的范围（图 1–30）。

③街廓设施

街廓设施是指城市中建筑物之外的其他地上人工建造物，包括具有实用功能的路灯、公交站亭、座椅、人行天桥、交通标志等，也包括具有审美功能的雕塑、行道树、花坛、户外艺术装置、地面铺装等。街廓设施可有助于展现城市文化符号、塑造公共空间特色，使城市景观更加灵动和丰富多彩（图 1–31）。

图 1-31　伦敦街头的红色电话亭[6]　汤众 摄

2）活动景观

城市中的公共活动是城市的灵魂，一般发生在城市的公共空间，构成独特的城市景观。城市的活动景观可分为日常公共活动与节庆公共活动。

（1）日常公共活动

日常公共活动是指在日常时期城市公共空间承载的休闲、商业、观光等各种活动，对于城市居民而言可能司空见惯，但对于外来游客而言则是体验城市文化最直观的方式（图 1–32）。

①休闲活动

休闲活动（如晨练、散步、休憩等）的发生通常有一定的时间规律性，能反映城市的生活节奏；同时，活动的发生也具有一定的领域性，倾向于发生在环境条件良好或有特殊氛围的区域（图 1–33）。

②商业活动

商业活动的形式多种多样，如商业步行街、集市、食街等，不同形式的商

图 1-32　澳门随处可见的街头小庙和日常拜祭[7]　汤众 摄

图 1-33　法国尼斯海边的英国人漫步大道[8]　何韶颖 摄

图 1-34　滨河食街　何韶颖 摄

图 1-35　游船观光活动　汤众 摄

业活动通常有其对应的空间形式，“空间 + 活动”共同构成了城市商业活动景观的特色，充分展现出城市的发展活力（图 1–34）。

③观光活动

观光活动主要针对城市游客而言。城市中精心组织的观光线路，一方面，可以将城市最为独特的风貌和重要景点串联起来，使游客高效地对城市形成一个比较完整的城市景观意象；另一方面，观光线路的形式本身也可能成为城市景观的特色组成部分（图 1–35）。

（2）节庆公共活动

各国都有法定节日，各个城市通常也会有本地的民俗节庆，此外还有不定

图 1-36　法定节日　何韶颖 摄

图 1-37　民俗节庆　汤众 摄

图 1-38　大型节事活动　汤众 摄

期举办的各种赛事等文化体育类大型节事活动（图 1–36—图 1–38）。节庆公共活动内涵丰富，为公众所普遍关注，具有轰动效应，往往能成为城市极具代表性的活动景观。同时，节庆公共活动可促进不同群体间的文化和经济交往，并进一步转化为城市发展的推动力。

注：

[1] 阿维尼翁是 14 世纪罗马教皇的居所。13 世纪末，罗马政教各派别之间的激烈斗争直接威胁到教皇的安全。1309 年，教皇克雷芒五世将教廷从罗马迁至阿维尼翁，此后连续七任教皇在这里居住了近百年，当时的天主教徒把阿维尼翁奉为朝拜的圣地。阿维尼翁的景色，带着欧洲古城特有的如诗的凄迷。1995 年，阿维尼翁历史城区被列入世界文化遗产。

[2] 拙政园位于江苏省苏州市，始建于明正德初年（16 世纪初），是中国江南古典园林的代表作，与北京颐和园、承德避暑山庄、苏州留园一起被誉为“中国四大名园”，1997 年被列入《世界遗产名录》。北寺塔，苏州报恩寺塔的俗称，为楼阁式佛塔，始建于南北朝梁代（502 — 557 年），为十一层宝塔；南宋绍兴二十三年（1153 年）改建为八面九层宝塔。借景是中国古典园林常用的构景手法之一，拙政园远借北寺塔为背景，丰富了园林景观效果；同样，登塔也可凭栏俯瞰苏州古城风貌和城外自然山水。

[3] 意大利米兰大教堂是世界上最大的哥特式教堂，也是米兰市的象征。教堂于 1386 年开工建造，1500 年完成拱顶，1774 年完成最高的哥特式塔尖上的镀金圣母玛利亚雕像，1897 年完工，历时五个世纪。拿破仑曾于 1805 年在这里举行加冕仪式。

[4] 道顿堀是 1612 年安井道顿等人在日本大阪以私人财产兴建的一条运河，1615 年完工；现以邻近的戏院、商业及娱乐场所闻名，每年夏天这里都会举行夏日祭活动。夏日祭是日本的传统节日祭典，每年 7 月中旬至 8 月下旬举行，节日期间有游行、庙会、烟花大会等活动，届时人们会穿上漂亮的和服参与各种娱乐活动。

[5] 巴黎圣母院位于巴黎市中心塞纳河畔，始建于 1163 年，是早期哥特式教堂建筑的杰出代表，也是巴黎的著名地标。《巴黎圣母院》是法国文学家维克多・雨果创作的长篇小说，1831 年出版。小说借 15 世纪的巴黎社会反映现实生活，打破了以往古典主义的桎梏，是浪漫主义文学作品中的一座里程碑；小说面世后曾多次改编为电影、动画片、戏剧等。巴黎圣母院的建筑与文学作品相得益彰，堪称建筑史与文学史上一段最美的辉映。

[6] 满街举目可见的红色电话亭是英国尤其是伦敦最经典的标志物之一。这些 2 米多高的鲜艳小亭子矗立在各个街角，增添了街道的浪漫风情。

[7] 数量众多的民间信仰场所遍布澳门华人聚居区的大街小巷，随时沿途拜祭祈祷成为澳门华人日常生活的一部分。居民经过这些场所时常会停下脚步合十拜祭，甚或上一炷香或摆上供品。与神为邻所带来的人与神的便利互动，既为居民带来日常朴素而自然的精神慰藉，也成为城市独特的日常活动景观。

[8] 英国人漫步大道是法国尼斯著名的海滨大道，1830 年由尼斯的英国侨民募款修建。大道全长 5 千米，沿途风光明媚，两旁种满各种花卉，一路通往天使湾畔。

第2课
自然山水景观城市赏析

1 滨水城市

滨水城市是指沿江河湖海或城市内部有水系贯穿等特质景观的城市。这类城市的滨水区多为城市的特色景观风貌区，也是城市的门户。滨水空间界面的形式对所处滨水自然环境的主动呼应，以及水系的存在所带来的滨水视线走廊，是滨水城市景观赏析的两大要点。

1）杭州——环湖城市

（1）城市整体景观风貌

“上有天堂，下有苏杭”，杭州是中国著名的历史文化名城和风景旅游城市，地处长江三角洲南翼、杭州湾西端，因西湖而名，靠钱塘江而拓，依大运河而兴。杭州主城区山水相依，湖城合璧，更有以大潮闻名的钱塘江穿城而过，历史与现代交会，自然与人文辉映，具有“诗画江南、灵秀精致、山水城相依”的城市整体景观风貌（图 2–1）。

（2）城市景观格局

杭州具有“一江春水穿城过，群山七孤半入城”的景观格局特征。今天的杭州，仍然以西湖为核心，根据新的规划思路，发展并营造拥江而立、山水城相依、城景文交融的大山水城市特色风貌，划定了西湖（图 2–2）、钱塘江（图 2–3）、京杭大运河（图 2–4）、西溪湿地（图 2–5）、山体周边（图 2–6）五个景观风貌区。

图 2-1　杭州远眺　汤众 摄

图 2-2　西湖景观风貌区　汤众 摄

图 2-3　钱塘江景观风貌区　汤众 摄

图 2-4　京杭大运河景观风貌区　汤众 摄

图 2-5　西溪湿地景观风貌区　汤众 摄

图 2-6　山体周边景观风貌区　汤众 摄

（3）城市特色景观

①地形与地势

杭州具有“三面云山一面城”的自然格局。控制道路、广场、公园等公共空间与山体以及山体之间的视线廊道，是杭州城区形成良好城市景观的重要手段。如从吴山看沿湖景观的视线廊道，以宝石山（保俶塔）和吴山（城隍阁）为对景的保俶路、凤起路、延安路、黄龙路、望江路等视线廊道[1-4]，与以六和塔为对景的六和路和之江路视线廊道等（图 2–7）。

②水岸

杭州有钱塘江和京杭大运河两条穿城而过的江河，滨水空间的构景手法各具特色。

钱塘江两岸滨江地区[5]划分为中心城市段、特色城镇段和山水田园段三类岸线。其中，中心城市段的钱塘江两岸以都市活力走廊为景观特征，以高层建筑群构建新城天际线，形成富有韵律感的滨江景观，并最大限度地将江边良好的自然生态环境引入城市内部。

作为一处活态大型线性遗产，京杭大运河杭州段至今仍发挥着交通航运、水利行洪、旅游景观等功能。京杭大运河景观[6]以“活态传承、多元荟萃、雅俗共赏”为审美价值核心，运河沿线纵向划分为历史文化、城市生活、工业仓储和郊野自然等风貌区段。目前已启动大运河国家文化公园（杭州段）建设，包括沉浸体验式的京杭大运河博物馆，集创意、办公、艺文活动、体育休闲为一体的大运河杭钢工业旧址综保项目，旅游体验、运动休闲、商业零售等多种业态融合的大城北中央景观大道等。

图 2-7　以六和塔为对景的六和路　汤众 摄

③风景区

杭州城最负盛名的西湖风景区 7，位于杭州市中心，以西湖为主体，湖面 6.5 平方千米；孤山、白堤、苏堤和杨公堤把西湖分隔为外西湖、西里湖、北里湖、小南湖和岳湖等五块水域；孤山为湖中最大的天然岛屿，小瀛洲、湖心亭、阮公墩三个人工小岛鼎立于外西湖湖心，夕照山的雷峰塔[1]（图 2–8）与宝石山的保俶塔隔湖相映，由此形成了西湖景观“一山、二塔、三岛、三堤、五湖”的基本格局。

西湖风景区借湖光山色，引入杭州历史文化和神话传说，景区内遍布庙宇、亭台、宝塔、园林，其间点缀着奇花异木、岸堤岛屿，植物造景 8 季相变化丰富。西湖“山外有山、湖中有湖、景外有景、园中有园”的景观特征是对“天人合一”这一理想境界的最佳阐释，是文化景观的杰出典范[2]（图 2–9）。

图 2-8 雷峰塔 汤众 摄

图 2-9 西湖断桥与远处的城隍阁 汤众 摄

图 2-10　西溪湿地景观　汤众 摄

西溪国家湿地公园（图 2–10）位于西湖风景区西北约 5 千米处，总面积 11.5 平方千米。湿地内约 70% 的面积为水域，河流和水塘密集交织，由河道、水塘、潭池、沼泽、滩涂、岛屿等构成独特的水域生态景观。其植物配置以体现“野趣、冷趣、奇趣”为特色，采用自然式栽植，花卉颜色以白、蓝等淡雅色彩为主，水边植物斜栽成半卧状、卧状等形式以体现临水之趣，其自然生态景观与近在咫尺的浓妆淡抹的西湖形成鲜明对比。

2）威尼斯——水城

威尼斯

（1）城市整体景观风貌

威尼斯（图 2–11）始建于 5 世纪，是意大利东北部一座美丽的水城。城市建立在亚得里亚海威尼斯及潟湖的 118 个岛屿上，有 177 条河道贯穿其中，由 401 座风格各异的桥梁连接起来。威尼斯的风情离不开水，蜿蜒的水巷，流动的清波，漂浮在碧波上的浪漫诗情画意，久久挥之不去[3]。

图 2-11 威尼斯及澙湖 汤众 摄

图 2-12 安康圣母教堂[4] 汤众 摄

图 2-13 威尼斯大运河 汤众 摄

（2）城市景观格局

威尼斯四面临海，“水中有城、城中有水、开门见水、以河为街”，以船代车，以水道、桥梁代路，因此虽然威尼斯游人如织却无车马之喧。圣马可广场等城市重要建筑主要兴建于文艺复兴时期，城内古迹众多，有 120 座哥特式、文艺复兴式、巴洛克式等不同建筑风格的教堂（图 2–12），120 座钟楼，64 座男女修道院，40 多座宫殿和众多的海滨浴场。

（3）城市特色景观

①水街与水巷

威尼斯水系呈枝节状分布，长 3800 米、宽 30~70 米、深约 5 米的大运河（图 2–13）是威尼斯的大街，呈反“S”状穿行在群岛之间，将城市分为两部分，城内迂回曲折的支河道则形成四通八达的水巷网络[9]。

②广场

圣马可广场[10]是世界上最著名的广场之一，被拿破仑称为“欧洲最美丽的客厅”[5]。广场呈曲尺形，由三个梯形广场组合成一个围合式广场，这种封闭式广场在透视上有很好的艺术效果。靠海湾的小广场入口竖立一对从君士坦丁堡搬来的石柱[11]，大广场与靠海湾的小广场之间以一座钟塔作为过渡，视觉上起到逐步展开的引导作用。广场四周是底层外廊式的建筑，高耸的钟塔是城市的标志，并与广场周围建筑物的水平线条形成优美的对比。圣马可广场不同空间的互叠和视觉上的相似性与对比性的运用，达到了形体环境的和谐统一。

圣马可广场是威尼斯的明珠。最美丽的时候是上潮时，一片潮水如同在广场铺上一面巨大的镜子，四周建筑倒映在玻璃中，玲珑剔透，光彩照人[12]。

广场周边有许多露天咖啡馆[6]，游人如织[13]，大群鸽子时而簇拥在地上觅食，时而飞翔在广场上空，构成一幅极其迷人的图画。

③建筑形态

威尼斯城建筑的建造方法是先将木柱插入泥土中，然后再铺上一层又大又厚防水性能极好的伊斯特拉石，再在伊斯特拉石上砌砖，建成一座座精美的建筑。威尼斯的建筑大都临水而建，众多水道两岸布满了著名的建筑物和富商府邸，建筑造型活泼、色彩艳丽，常有敞廊与阳台倒映在波光水色中，形成屏风式的沿河立面[14-15]。

作为文艺复兴时期的重要城市，商人和侨民带来不同地域的文化艺术，威尼斯的建筑兼容并蓄，风格多样，如建于 13 世纪的拜占庭式土耳其商栈、有“黄金屋”美称的哥特式奥罗大厦、文艺复兴早期的隆巴迪式建筑文德拉明–卡莱尔吉宫、造型壮观的佩萨罗宫、日耳曼式栈房等。

圣马可教堂[16]曾是欧洲中世纪最大的教堂，融合了拜占庭、文艺复兴、巴洛克等东西方建筑艺术特点。

总督宫[17]主要是中世纪罗马风格，同时带有伊斯兰建筑元素，还结合了晚期哥特式与文艺复兴风格。

目前，威尼斯有 401 座桥[7]，石桥、木桥、拱桥、平桥，造型千姿百态[18-19]，风格各异，有的如游龙，有的似飞虹，有的庄重，有的小巧，构成了威尼斯一道独特的风景线。

④日常活动

威尼斯的水道及贡多拉举世闻名。威尼斯没有汽车和自行车，也没有交通指挥灯，船是唯一的交通工具，除了小艇以外其他交通工具都明令禁止。贡多拉（图 2–14）是威尼斯独具特色的尖头小舟，舟身狭长，首尾翘起，最适宜在狭窄的水巷中行驶。船夫身着黑白相间的传统服装，头戴有红色帽箍的草帽，用单桨划船。乘着贡多拉，在悠扬的音乐声中穿行于水城中，欣赏水巷两旁古老的建筑是一种不可多得的享受。

⑤节庆活动

每年 2 月的威尼斯狂欢节是世界四大狂欢节之一，也是威尼斯最重要的节日之一。威尼斯狂欢节最精彩的是满街创意十足的面具和装扮，一进入水巷，满眼都是色彩斑斓的面具（图 2–15），还有各种华丽的奇装异服招摇过市，自得其乐，成为威尼斯一大特色景观。

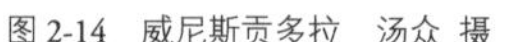
图 2-14　威尼斯贡多拉　汤众 摄

图 2-15　威尼斯狂欢节面具　汤众 摄

威尼斯双年展[20]是欧洲最重要的艺术活动之一，已拥有上百年的历史，在世界三大艺术展中排名第一。威尼斯双年展在奇数年为艺术双年展，在偶数年为建筑双年展，展览一般分为国家馆与主题馆两部分，主要展览当代艺术和建筑艺术。威尼斯电影节[8]是世界上第一个国际电影节，也是威尼斯双年展的一部分，每年 8 月底至 9 月初在威尼斯丽都岛举办。威尼斯双年展极大地拉动了威尼斯的艺术旅游业，为城市带来巨大的商机和活力。

2 山地城市

起伏的地形是山地城市景观最重要的影响要素。坡地地形因其在城市中所处的位置以及用地功能等方面的差异，演化出丰富多样的人工与自然相融合的景观形态效应，如底座效应、皇冠效应、多重轮廓线效应等。

底座效应是指山地的地质构造影响城市的用地功能布局，坡度和坡向也影响了城市建筑群的布局及其立面形态，从而影响城市的天际轮廓线[21]。

皇冠效应是指城市建筑物沿等高线层层错落布置，勾勒出山体的上升趋势，从而形成制高点、地标和起伏的天际轮廓线等极具个性与特色的城市景观形态[22]。

多重轮廓线效应是指多重因素叠加而形成的城市天际轮廓线。这些因素包括山体坡脚线、山脊线、建筑群体底部与地面或绿化相接的界线、建筑群体顶部轮廓线、水际岸线等[23]。

1）萨尔茨堡——名山

萨尔茨堡

（1）城市整体景观风貌

萨尔茨堡（图 2–16）是奥地利历史最悠久的城市之一，位于阿尔卑斯山脉北麓，南面连绵高山，北面一马平川，被称为阿尔卑斯山的门庭。萨尔茨堡是典型的山城，城内有多座原始的山丘，萨尔察赫河穿城而过，其老城区是欧洲绿化覆盖率最高的中心城区。萨尔茨堡不仅自然风光优美，同时还是北欧和南欧文化与艺术的大熔炉，具有典型的巴洛克风情[9]。

图 2-16　萨尔茨堡鸟瞰　何韶颖 摄

（2）城市景观格局

萨尔茨堡是世界上仅存的几个保留了原始巴洛克风格的城市，充分利用自然山水和城市制高点，使城市具有宜人的景观风貌。从东南流向西北的萨尔察赫河把老城一分为二，左岸是历史更为悠久的中心老城区、要塞山和僧侣山（图 2–17），右岸是拥有林茨街、小广场等的老城区和卡普齐纳山、修道院。

（3）城市特色景观

①地形与地势

城市起伏的山丘塑造了老城的面貌[24]。萨尔茨堡城堡凌越于要塞山上，是城市的制高点；山体带来的城市天际线起伏，又因河流的环绕而更富有韵律。

②街道与广场

老城区大部分区域都是步行街区，街巷弯曲而狭窄，既可挡冬季寒风，又具有丰富多变的视觉效果。粮食街是老城区最著名的步行街，莫扎特就诞生于此[25]。

图 2-17　萨尔茨堡左岸　何韶颖 摄

③建筑形态

萨尔茨堡老城区内有中世纪、巴洛克、文艺复兴及君主立宪制时期等各种风格的建筑，且以城堡和宫殿众多而著称。

萨尔茨堡城堡（图 2–18）坐落于要塞山上，如同山顶上的一顶皇冠，长 250 米，最宽处 150 米，是中欧现存最大的一座要塞，也是城市的标志。城堡是拍摄城市全景的好地方，老城、新城、河流尽收眼底。

代表强大教权的主教堂（图 2–19）坐落于老城区的中心地，以其雄伟的立面和巨大的圆形屋顶体现了阿尔卑斯山一侧早期巴洛克风格雄伟的特征。萨尔茨堡主教堂广场是主教堂的前庭，其喷泉是中欧最大的巴洛克式喷泉（图 2–20）。

米拉贝尔宫（图 2–21）原是大主教为情人建造的宫殿，这座巴洛克风格宫殿最大的特点是其楼梯：楼梯的回旋扶手上有 22 个快乐的小天使滑上滑下，淘气地赤裸着身体。楼梯通向的大理石大厅，目前是世界上最美丽、最浪漫的婚礼大厅之一。宫殿前的花园是城中最美的庭园，按照希腊神话为榜样建造，众多的人物雕像是其特色，每个细节都渗透着欧洲巴洛克艺术的精华。

④ 日常活动

萨尔茨堡是电影《音乐之声》的拍摄地，每年有超过 30 万游客因为电影来到萨尔茨堡朝圣。人们可以通过步行、骑自行车、搭乘人力车、乘坐公共汽车等多种方式探索电影里的原始拍摄地，这也成为城市的特色旅游线路之一[26-27]。

⑤ 节庆活动

萨尔茨堡是奥地利的音乐艺术中心，始创于 1920 年的萨尔茨堡音乐节至今仍是欧洲最隆重的音乐节之一[28-29]。每年 7—8 月世界各地顶尖的音乐家都会汇集于此，整个城市沉浸在音乐的海洋中。

图 2-18　萨尔茨堡城堡　梁伟雄 摄

图 2-19　萨尔茨堡主教堂

图 2-20　萨尔茨堡主教堂广场喷泉　梁伟雄 摄

图 2-21　米拉贝尔宫及其花园

2）庞贝——火山

（1）城市整体景观风貌

庞贝古城（图 2–22）建于公元前 8 世纪，西北距罗马 300 千米，西接著名的西西里岛，南通希腊与北非。城市建筑在远古时期维苏威火山一次爆发后变硬的熔岩基础上，因其位于交通要冲且有优良的海港而迅速发展成为一个兴旺的商业城市。

公元 79 年 8 月 24 日，维苏威火山突然爆发，厚约 5.6 米的火山灰毫不留情地将庞贝掩埋。1748 年，人们才逐渐发现这座因火山爆发而消失的城市。由于被火山灰掩埋，街道房屋保存比较完整，从 1748 年起考古发掘持续至今[10]，为了解古罗马社会生活和文化艺术提供了重要资料。1997 年，庞贝古城被列入《世界遗产名录》。

（2）城市景观格局

穿行在古城废墟的大街小巷，既为古人精妙的规划叹为观止，更为大自然残酷无情的威力而不胜唏嘘。庞贝古城四周有石砌城墙，设有 7 座城门，14 座塔楼，颇为壮观（图 2–23）。当庞贝被埋没之时，这一带正是古罗马首都以南繁华的旅游避暑胜地，城内外奢华别墅甚多，公共设施齐备，城内遍布会堂、广场、神庙、剧场、浴池、市集、凯旋门等大规模公共建筑，其建筑艺术水平在某些方面比之古罗马首都亦不逊色。

图 2-22　庞贝古城与维苏威火山　汤众 摄

图 2-23　庞贝古城城门与大广场　汤众 摄

（3）城市特色景观

①地形与地势

庞贝古城位于维苏威火山东南约 10 千米处，西距那不勒斯湾约 20 千米，是一个背山面海的避暑胜地。周围是一片平原，平原上遍布着柠檬林和葡萄园。整个庞贝古城地势北高南低（图 2–24），圆形大剧场、竞技场等充分利用天然地形修建在古城的南部。

②街道与广场

古城略呈长方形，有城墙环绕，四面设置城门，城内纵横各两条笔直的大街，使全城呈井字形。全城分为 9 个区域，每个区域内街巷交织。

大街上铺着 10 米宽的石板，两旁是人行道，街巷的路面也是用石块铺成的。城市中最宽阔的大街叫丰裕街，石板路面上有被当年车辆碾出的车辙，街道两边是酒馆、商店和住宅（图 2–25）。

丰裕街直通长方形的大广场（图 2–26），广场四周建有许多宏伟的建筑，是庞贝政治、经济和宗教的中心。广场上装点着著名的人物塑像，广场两侧是两座神庙，分别供奉着古罗马神话中的众神之王朱庇特和太阳神阿波罗。

③建筑形态

大广场东南是庞贝古城内最高的建筑物——大会堂，里面设有法院和市政厅，旁边是一座两层的商业大楼，广场的东北侧店铺林立。

庞贝古城的东南角有两座圆形露天剧场：一座演出戏剧，另一座是小演奏厅，专门用于喜剧和音乐演出。另外还有一座用作角斗的圆形竞技场，可以容纳 2 万人。竞技场外围的围墙高达 2 米多，墙上绘有许多狩猎、竞技的壁画，反映出当时人们的生活状态。

与圆形大剧场相邻的角斗士营房（图 2–27）是正方形的回廊式建筑，中间是绿茵茵的正方形庭院。

庞贝古城内有三座公共浴场，斯塔比亚浴场为其中最古老的浴场。这个浴场相当华丽精妙，内有脱衣室、微温浴室、游泳池等。浴室长廊中圆柱成列，室内墙上的雕塑非常精致，双层地板可使下方冒出的蒸汽保持浴场内的温度[30]。

图 2-24　庞贝古城北侧高地　汤众 摄

图 2-25　庞贝古城城门与街巷　汤众 摄

图 2-26　庞贝古城大广场　汤众 摄

图 2-27　庞贝古城角斗士营房庭院　汤众 摄

庞贝古城内分布着不少富豪住宅。豪宅的大门大都有大理石圆柱和雕花的门楼，整个建筑围绕一个高达 10 米的正厅[31]。在围绕正厅的房间中，有一个房间特别宽敞，既是办公室又是起居室。很多房间的墙上绘有栩栩如生的壁画，地板上也装饰着镶嵌画。

3 山水城市

山水城市是指依山傍水的城市，城市中山、水、城、人协调共生。一方面，城市各景观要素包容共存，使城市景观和谐有序；另一方面，各景观要素的展现具有差异性和层次性，不同城市景观要素的主从关系各异，从而构成了城市景观的独特性[32]。

1）马赛——丘陵海港

（1）城市整体景观风貌

马赛[11]（图 2–28）位于地中海北岸，是法国第二大城市和最大的海港，市区三面环山、一面靠海，景色秀丽，气候宜人。

马赛是一座有着 2500 年历史的古城，中世纪时期已是地中海地区最大的港口城市；近代工业革命后，随着法国海外殖民地的扩张，城市的繁荣达到顶峰。马赛也是上千年来东方货品输入西方世界的重镇，因此城市弥漫着混杂的异国气息。

（2）城市景观格局

马赛西面濒临地中海，水深港阔，万吨级巨轮可以畅通无阻，北、东、南三面分别是莱图瓦勒山、加尔拉邦山和马赛韦尔山。马赛港（图 2–29）分为老港和新港，城市发展始于老港，近现代逐渐往北和东两个方向延伸[33]。

图 2-28　马赛远眺　何韶颖 摄

图 2-29　马赛港　何韶颖 摄

（3）城市特色景观

① 地形与地势

马赛市内大部分区域为丘陵地貌，地势随山峦起伏。守护圣母圣殿[34]雄踞在 154 米高的小山丘上，作为马赛的制高点，在老港和新港随处抬头都能远眺到这座地标，感受到它所带来的精神护佑。教堂前设有观景台，是俯瞰马赛城和地中海风景的绝佳位置[35]。

岸线是山水城市最重要的景观资源之一。顺应丘陵的自然起伏，马赛的街巷都尽量保持通往滨海岸线的视线通廊[36]。离开港口一路穿街过巷爬上坡顶，回头远望海港景色，心旷神怡。

② 水岸

作为法国最大的海港，马赛的港口具有浓郁的地中海风情[37]。

马赛保留了海港鱼市[38]的传统，渔民每天上午都会把刚捕来的鱼在老港鱼市区摆摊出售。鱼市紧靠海边，海上是渔船，岸上是一排鱼摊，蓝色的塑料筐里盛着银光闪闪的海鲜，都是渔民当天清晨刚从海里捕来的。热闹非凡的鱼市带来了老港浓厚的海洋气息和城市生活气息。

为庆祝马赛成为 2013 年的“欧洲文化之都”，福斯特事务所在马赛老港设计了一座景观亭[39]。景观亭坐落于 19 世纪古建筑的地景中，顶棚由 46 米 ×22 米的高度抛光的不锈钢材料制作而成，8 根直径 40 厘米的细长钢柱作为支撑，顶棚边角处逐步打薄，以减少视觉重量。景观亭四面开敞，抛光镜面顶棚倒映出历史港口的景色以及驻足路人的脸庞，营造出一种奇妙的氛围。“人们在欣赏海景的同时，自己也成为景观的一部分”，这是一个极少干预型城市更新项目的典型成功案例。

③ 街道与广场

马赛老港是城市的发源地，集合了城市的精华。老港区和老街区融为一体，城市风情在这里一览无遗。老街由纵横交错的狭窄斜坡小巷组成，街巷肌理极具中世纪特色[40]。街巷中不仅保留着原有建筑风貌，更保存和传承着原有居民的生活和生产方式，许多艺术家工作室、手工艺店铺和各种特色美食店隐藏其中。

蒙马特尔凯旋门（图 2–30）是马赛的公路门户，完工于 1823 年，是为了纪念法国革命的胜利以及法兰西第一帝国，碑文和浅石雕由雕塑家大卫·当热和雷米所设计。宏伟的蒙马特尔凯旋门成为街道的视线焦点。

④ 建筑形态

马赛的各类建筑物顺应高差丰富的地形和海岸线建造而成，为城市奉上了绝妙的视觉盛宴。

守护圣母圣殿（图 2–31），这座华丽的拜占庭式教堂坐落于马赛的制高点——马赛老港南侧海拔 162 米的石灰岩山顶，也是马赛的地标性建筑。教堂运用穹顶、彩石、金饰、马赛克等装饰，走入圣殿的巴西利卡大厅，满眼的金碧辉煌，各种吊饰色彩斑斓，充满了世俗的喜乐，毫不掩饰地炫耀着财富和荣耀。中世纪时马赛就以海上贸易著称，当人们置身于色彩斑斓的守护圣母圣殿大厅时，仿佛回到中世纪，感受到大量货轮靠港、商品上岸所带来的世俗社会的喜气洋洋。

图 2-30　蒙马特尔凯旋门　何韶颖 摄

图 2-31　守护圣母圣殿　何韶颖 摄

马赛拥有众多城堡，建于路易十四时期的圣尼古拉斯堡[41]和圣让堡[42]，扼港口要害，分立于内港两侧，此外还有独立小岛上的伊夫城堡[12]等。

马赛市中心的圣夏尔火车站[43]位于一座山丘上，沿着站前大台阶往下走就能到达市中心。高高的大台阶，配上华丽的新古典主义雕塑和灯柱，给这座城市的铁路门户增添了历史的华美感。

2）惠特比——滨海丘陵

（1）城市整体景观风貌

惠特比

惠特比（图 2–32）位于英格兰北部，是英国知名的滨海丘陵小镇，具有中世纪哥特式小城的风貌。它是大名鼎鼎的吸血鬼德古拉[13]诞生的地方，也是库克船长航海之旅的起点，具有独特的海港风情。

图 2-32 惠特比风貌 汤众 摄

（2）城市景观格局

惠特比是 Esk 河开始的地方，也被该河分为东西两个海岸。这里有英格兰北部最吸引人的海滩，惠特比修道院（图 2-33）等地标性建筑则矗立在海边的悬崖之上。海滩和山丘之间，就是主城区。

（3）城市特色景观

① 地形与地势

从山顶上俯瞰海港和小镇的全貌，景色瑰丽（图 2-34）。

② 水岸

惠特比的海滩和海港别具风情（图 2-35）。18—19 世纪，惠特比因捕鲸名扬海外，挪威渔民送给惠特比一对鲸鱼的下颌骨，也就是现在西海岸的鲸鱼拱门。拱门旁是著名的库克船长雕像。18 世纪库克船长就是在这里当学徒，后来加入皇家海军，在惠特比开启了自己的航海生涯。海港远端有两道扇形长堤，堤的两端是一高一矮两座灯塔（图 2-36）。惠特比海边落日[44]景象梦幻般绚丽，海浪和风、远处飞翔的海鸥、夕阳映照下的灯塔和归来的帆船都让人沉醉。

图 2-33　海边悬崖上的惠特比修道院　汤众 摄

图 2-34　山顶上俯瞰海港和小镇　汤众 摄

图 2-35　惠特比海岸　汤众 摄

图 2-36　长堤上的灯塔　汤众 摄

③ 街道与广场

小镇的街道从泊满色彩斑斓的小渔船的港口向四周辐射，街巷地面为鹅卵石铺就，蜿蜒狭长，随地形高低起伏，如同迷宫一般[45]。街道上特色小店林立，橱窗琳琅满目。街道上供游客或居民休息用的长椅[46]上，刻着已逝居民的名字，是由他们的家人所捐赠的。

④ 建筑形态

小镇的一般建筑以红瓦白墙和黑瓦红墙为主色调，随地形起伏而错落有致。沿海边悬崖上的 199 级台阶到达山顶，可以看到英国诗人卡德蒙的十字碑[47]，其后就是古朴的圣玛丽教堂[48]，教堂边是一排排墓地，埋葬着小城死去的水手、渔夫。

穿过教堂背后的小径，就到达惠特比最著名的地标性建筑——具有 1500 多年历史的惠特比修道院[49]。虽然现今只剩下断壁残垣，但依旧能感受到这座壮丽的哥特式建筑的独特魅力，它也是吸血鬼的灵感来源[50]。

⑤ 节庆活动

每年 10 月万圣节期间，惠特比都会举行一年一度的哥特节（图 2–37）。届时安静休闲的惠特比就变得热闹起来，街头巷尾的人们都身穿哥特服装，有的戴上獠牙装扮成吸血鬼，有的画上骷髅脸穿上婚纱扮成僵尸新娘，还有哥特风乐队助兴。

图 2-37　哥特节

3）卑尔根——峡湾丘陵

（1）城市整体景观风貌

卑尔根（图 2–38）位于挪威的西南部，是挪威霍达兰郡的首府，也是挪威第二大城市。它坐落于挪威西海岸陡峭的峡湾线上，直通大西洋，气候温暖多雨 [14]，具有典型的欧洲小镇特色，城市中心保留着许多中世纪汉萨同盟时代的古老建筑，是通往最美峡湾松恩峡湾的起点。

（2）城市景观格局

作为挪威最美丽的城市，卑尔根被 7 座海湾和 7 座山脉环抱，曲折蜿蜒的海岸线使整座城市形成一个 W 形的海湾。主城区中最具标志性的景观是以布吕根码头和鱼市场为中心的 U 形海湾沃根湾，海湾北侧就是知名的世界文化遗产汉萨同盟商业建筑群。

（3）城市特色景观

①地形与地势

从布吕根码头不远的地方可以乘坐缆车直达卑尔根最高的于尔里肯山，也可以乘坐小火车（图 2–39）到达弗洛伊恩山的山顶。站在山顶的观景台上，可以将整个卑尔根尽收眼底。远处的山脉、海景与近处的城市相互交织，若是在傍晚时分，整座城市沉浸在艳丽的夕阳下，更是不容错过的美景。

②街道与广场

卑尔根街道总体格局较为规整，尤其是城市中心地带，街道在向四周辐射时，依山傍海处则随着海岸线和山势曲折蜿蜒（图 2–40）。不同时期的历史建筑错落有致，并与新建筑巧妙地结合。鳞次栉比的咖啡厅与小餐厅，以及精致的小店铺，让这座城市浪漫气息倍增。

城市中心最为有名的广场即布吕根集市广场，广场西侧面向大海，东侧则是著名的鱼市场，可以品尝到多种新鲜的海产品。广场西南侧方向是该城市较为集中的商业广场街，广场中心有景观设计师 Asbjørn Andersen 设计的雕塑《蓝石》（图 2–41）。

图 2-38　卑尔根城市山海格局　陈佳琪 摄

图 2-39　登山小火车　陈佳琪 摄

图 2-40　卑尔根街道景观　陈佳琪 摄

图 2-41　雕塑《蓝石》 陈佳琪 摄

③ 建筑形态

卑尔根城市北部保留着多处中世纪教堂和汉萨同盟木建筑群[51]，其余住宅类建筑则多以白墙红瓦和白墙灰瓦为主色调，南部区域则多为灰色调的现代建筑。沿海岸向山坡眺望，可以看到分布在山间错落有致的一栋栋彩色木屋，如同彩色的画笔将山水和城市连接在一起[52]。

沿布吕根街向东北方向，有一排著名的木结构建筑，是卑尔根最有风情和韵味之所在。这些房屋一般是两到三层的楼房，屋顶有瓦片且坡度较大，墙体为长条木板，大部分房屋被加固过，直至今日仍有人居住。颜色主要为红、白、黄三种，在常年多雨多云的天气中耀眼夺目。在木屋南侧有著名的汉萨博物馆，是对汉萨时期挪威码头最真实的见证。

注：

[1] 现存的雷峰塔是 2002 年 10 月重建的。旧雷峰塔于 1924 年倒塌，鲁迅为此曾写了一篇著名的《论雷峰塔的倒掉》。

[2] 杭州西湖美甲天下，得益于它给人们留下了许多名人墨客的足迹和神话传说，如白堤与白居易、苏堤与苏东坡、雷峰塔与许仙和白娘子，在南宋时期就形成了名传千载的“西湖十景”，即平湖秋月、苏堤春晓、断桥残雪、雷峰夕照、南屏晚钟、曲院风荷、花港观鱼、柳浪闻莺、三潭印月、双峰插云。自然风光与丰富的历史人文内涵交织，将杭州演绎成人间天堂。2011 年，杭州西湖文化景观被列入《世界遗产名录》，是现今《世界遗产名录》中少数几个湖泊类文化遗产之一。

[3] 1987 年，威尼斯及潟湖被列入《世界遗产名录》，世界遗产委员会给出的评价是：始建于 5 世纪的威尼斯，由 118 个小岛构成，10 世纪时成为当时最主要的海上力量。整个威尼斯城就是一幅非凡的建筑杰作，即便是城中最不起眼的建筑也可能是出自诸如乔尔乔内、提香、丁托列托、委罗内塞等世界艺术大师之手。

[4] 安康圣母教堂是威尼斯巴洛克式建筑的代表作。在威尼斯历史上，黑死病曾两度凶猛袭击了这座水城。第一次是 1347 年，在一年半的时间里威尼斯丧失了 3/5 的人口；第二次是 1630 年，黑死病又突袭了威尼斯及潟湖地区，夺去了 4.5 万人的生命（相当于当时威尼斯人口的 1/3）。1631 年，威尼斯政府兴建该教堂献给圣母玛利亚，由著名设计师巴尔达萨雷·隆格纳设计，1687 年正式落成。

[5] 圣马可是圣经《马可福音》的作者，他被威尼斯人奉为护城神。人们修建圣马可广场和圣马可教堂，以感恩他的守护。

[6] 圣马可广场上有一个名叫花神的文艺咖啡馆，1720 年初开业，穿越了 4 个世纪，接待过歌德、拜伦、卓别林等不计其数的作家、诗人、艺术家。遗憾的是，因为新冠肺炎疫情对旅游业的致命打击，刚过完 300 岁生日的花神咖啡馆于 2021 年 1 月宣布关门，从此人们可能再也喝不到雪莱和莫奈同款咖啡了。

[7] 威尼斯最出名的石桥莫过于叹息桥。它是密封式拱桥建筑，由内向外望只能通过桥上的一个小窗子，在总督府被判处死刑的囚犯押回死牢时必经此桥，从窗口最后一次看到自由世界，往往发出一声叹息，这也是叹息桥名字的由来。

[8] 20 世纪 80 年代末，由中国著名导演谢晋执导、潘虹领衔主演的电影《最后的贵族》外景地就在威尼斯，威尼斯独特的诗韵画面恰如其分地烘托出该片人物的命运多舛和无奈感伤。

[9] 萨尔茨堡是奥斯卡最佳影片《音乐之声》的主要拍摄地，也是伟大音乐家莫扎特的出生地，以及著名指挥家卡拉扬的故乡。1997 年萨尔茨堡被列入《世界遗产名录》，被评为“对人类具有卓越价值”的城市。

[10] 建于公元前 6 世纪的庞贝古城几乎在一夜之间从人类的记忆中被完全抹去。18 世纪初，意大利农民在维苏威火山西南 8 千米处陆续挖出了一些古罗马钱币及人工雕琢的大理石。1748 年，人们又在附近挖掘到刻有“Pompeii”的字样，庞贝才重新进入人们的视线。

[11] 马赛最为中国人所熟悉的莫过于《马赛进行曲》，它是法国大革命时期最受法国人民喜爱、流行最广的战斗歌曲，起初名叫《莱茵河军的战争之歌》。1804 年，拿

破仑称帝后取消了《马赛进行曲》的国歌地位，直到 1879 年法国政府才又将《马赛进行曲》定为国歌。

[12] 伊夫城堡因法国作家大仲马的小说作品《基督山伯爵》和《铁面人》而被大众所熟知。为了吸引更多游客前来观光，马赛政府按照小说情节在两间牢房里挖出一条暗道。

[13] 从中世纪开始，欧洲逐渐形成了吸血鬼文化，而吸血鬼文化开始大规模流行，则归因于英国作家布拉姆·斯托克的小说《德古拉》。

[14] 气象数据显示，卑尔根年均降雨天数超过 200 天，年均降水量超过 2250 毫米。

第3课
历史人文景观城市赏析

1 古代都城

古代都城是指在人类历史长河中曾经或至今是各国首都的城市。它们往往承担着各国政治、经济和文化中心的功能，文化积淀深厚，城市景观通常反映了该国在各个历史时期的巅峰水平。

1）罗马——西欧古都

（1）城市整体景观风貌

罗马地处地中海沿岸，是古罗马帝国[1]的发祥地，现为意大利首都，因建城历史悠久而被称为“永恒之城”。

罗马是全世界天主教会的中心，拥有700多座教堂和修道院、7所天主教大学，市内的梵蒂冈是天主教教皇和教廷的驻地。罗马与佛罗伦萨同为意大利文艺复兴中心，至今仍保存着相当丰富的文艺复兴时期与巴洛克风格的城市景观。

1980年，罗马的历史城区被列入《世界遗产名录》（图3–1）。

（2）城市景观格局

罗马位于台伯河下游平原，市区跨台伯河两岸，架有24座桥梁。历史城区在台伯河东岸奥雷里安城墙范围内，占地约15平方千米，分布着从古罗马共和时期至19世纪的各类历史建筑物，如古罗马广场（图3–2）、古罗马露天竞技场、君士坦丁凯旋门、古罗马皇家废墟、卡拉卡拉浴场、万神庙、亚壁古道、帝国大道、众多历史广场和街区以及意大利独立统一运动的大部分纪念物[1-2]。

（3）城市特色景观

① 地形与地势

奥雷里安城墙建于古罗马帝国后期，环抱罗马历史城区，总长 20 千米，高约 6 米，共有 18 座门和 381 座红砖碉楼。城内分布着号称“罗马七丘”的 7 座小山，高低起伏的丘陵地形与台伯河形成丰富的城市景观（图 3–3）。台伯河[3]由南向北蜿蜒流过市区，河西则是世界天主教圣地梵蒂冈[2]所在地。

图 3-1　罗马古都遗址废墟　汤众 摄

图 3-2　古罗马广场遗址　汤众 摄

图 3-3　丘陵地形与台伯河　汤众 摄

图 3-4　纪功柱　汤众 摄

② 街道与广场

广场众多是罗马古城的一大特点，除了建造在大型公共建筑前和纪念物周围，还有在城区核心区域专门建造的广场。广场中央大多有雕塑或纪功柱（图 3–4）等标志物，而众多的喷泉 4-7 更是雕刻精美、千姿百态[3]。

威尼斯广场位于罗马古城中心地带，长 130 米、宽 75 米，是罗马最大的广场，5 条大街汇聚于此。广场大气壮观，西侧是文艺复兴时期的威尼斯宫，东侧是与威尼斯宫式样相仿的威尼斯保险公司，南面是新古典主义的维克多·埃曼纽尔二世纪念堂 8。

西班牙广场结合地形高差，以宽阔的大台阶（西班牙阶梯）形成广场景观，并与破船喷泉两侧广场组合成一个广场群 9。

以广场为核心的放射性街道彼此相连，构成罗马古城的主要街道网络。街道两侧排列着各个时期各种风格的历史建筑，形成典雅优美的街道景观（图 3–5—图 3–8）。

图 3-5　罗马人民广场与放射性街道　汤众 摄

图 3-6　街道两侧的历史建筑与尽端对景的维托里安诺意大利统一纪念堂　汤众 摄

图 3-7　街道旁的巴洛克风格建筑　汤众 摄

图 3-8　街道与历史建筑　汤众 摄

③ 建筑形态

罗马建筑艺术的最高成就体现在无数的公共建筑上。

古罗马露天竞技场俗称斗兽场（图 3–9），是古罗马帝国的象征，被誉为世界八大名胜之一，建于 1 世纪。这座椭圆形的建筑物占地约 2 万平方米，周长 527 米，一系列的拱券[4]和安排恰当的椭圆形建筑构件，在经历了近 2000 年风雨的洗礼后依然坚固结实。

被米开朗基罗赞叹为“天使的设计”的万神庙（图 3–10），始建于公元前 27 年，约 118 年重建。万神庙采用穹顶覆盖的集中式形制，穹顶直径 43 米，是单一空间、集中式构图建筑物的典型代表，也是罗马穹顶技术的巅峰之作。阳光从穹顶射入万神庙内部，犹如神光（图 3–11）。

君士坦丁凯旋门（图 3–12）是罗马古城中众多纪念性建筑物的代表。它位于古罗马斗兽场西侧，凯旋门上的雕塑精美绝伦，虽历经千年仍恢宏大气，与古罗马斗兽场共同见证了罗马的辉煌。

图 3-9　斗兽场　汤众 摄

图 3-10　万神庙、方尖碑与喷泉　汤众 摄

图 3-11　万神庙内部　汤众 摄

图 3-12　君士坦丁凯旋门　汤众 摄

位于梵蒂冈的圣彼得大教堂是天主教最重要的朝圣之地，由伯拉孟特、拉斐尔、米开朗基罗等人不断设计和完善，是世界上最大的教堂。教堂前的圣彼得广场长 340 米、宽 240 米，被两个半圆形的长廊环绕，能容纳 30 万人同时聚会[10]。广场中矗立着一座 41 米高的方尖碑，方尖碑两旁各有一座美丽的喷泉，涓涓的清泉象征着上帝赋予教徒的生命之水。

圣天使城堡[11]是公元 139 年罗马皇帝哈德良为自己及其后代修建的家族陵墓。经过几个世纪的历史变迁，城堡因其坚固性曾先后被改为军事要塞、监狱、兵营及教皇的碉堡和避难所，现为国家博物馆，所有权属于梵蒂冈。从圣彼得大教堂到圣天使堡有一条地下通道，教皇可以经由该通道直达城堡。

维克多·埃曼纽尔二世纪念堂[12]位于威尼斯广场，是 1870 年为庆祝意大利统一而建造的。16 根圆柱形成的弧形立面是其最精彩的部分，大气而精致。在罗马城的许多位置都能看到这座高大宏伟的建筑，它也成为辨别方向的标志性建筑。

罗马古城内有700多座教堂，大多顶部覆盖着巨大的穹顶[13-14]，构成城市独特的天际线。

罗马古城内城市景观色彩主要是建筑表面的颜色，多数普通民居建筑采用黄色、赭红、土黄等暖色调涂料[15]，教堂[16-17]、宫殿则使用白色大理石，浓妆淡抹皆相宜。

④ 日常活动

罗马是天主教的中心，天主教建筑遍布整个古城，吸引着全世界游客慕名而来，世界各地的信徒也不辞劳苦前来拜谒。

罗马广场和街道承载着各种城市生活。街道上有许多精致的小店，多集中在“西班牙台阶”对面的孔多蒂街、Borgognona、Frattina等街道[18-21]。

2）伊斯坦布尔——东欧古都

伊斯坦布尔

（1）城市整体景观风貌

伊斯坦布尔（图3-13）位于巴尔干半岛东端、博斯普鲁斯海峡西岸，扼黑海入口，为欧亚交通要冲，地跨欧亚两洲。伊斯坦布尔原名君士坦丁堡[5]，历史上是东罗马帝国、奥斯曼帝国的首都，现为土耳其经济、文化和交通中心。

作为跨越欧亚两大洲的一座历史古都，伊斯坦布尔不仅自然风光秀丽，而且呈现出多元文化，多种文明历时和共时性交融并存。伊斯坦布尔保留了辉煌的历史遗产，兼收并蓄欧亚各民族思想、文化、艺术之精华，成为东西方思想文化碰撞、融合、升华的一个重要交会点。1985年，伊斯坦布尔被联合国教科文组织评为世界文化遗产。

（2）城市景观格局

伊斯坦布尔市区可分为三个区：位于欧洲的旧城区、贝伊奥卢商业区和位于亚洲的于斯屈达尔区。由西向东，恰好能依次看到罗马帝国—拜占庭—奥斯曼—近现代的城市历史积淀。

旧城区也称历史半岛，位于金角湾以南，内有7座小山，紧临博斯普鲁斯海峡以北，西部以阿塔蒂尔克大道和穆斯塔法大街为界线，包含金角湾和马尔

图 3-13　伊斯坦布尔鸟瞰

马拉海的绵长海岸以及西部著名的狄奥多西城墙。旧城区一直是伊斯坦布尔重要的政治、宗教和艺术中心，拥有许多历史遗迹。

贝伊奥卢商业区位于博斯普鲁斯海峡东岸，与旧城区隔海相望（图 3-14），其最大的特色就是起伏的山路、狭窄的街道和两旁充满历史风情的老建筑。自中世纪起这里就十分繁华，是伊斯坦布尔的商业中心。

于斯屈达尔区位于博斯普鲁斯海峡东岸，住宅密集，通过博斯普鲁斯公路大桥可以到达海峡以西的市区。

（3）城市特色景观

① 地形与地势

伊斯坦布尔旧城区被金角湾、马尔马拉海和博斯普鲁斯海峡三面环绕，与外界通过两座跨金角湾的桥梁连接，大海赋予旧城区独特的吸引力和丰富的景观资源。

在伊斯坦布尔，城区建筑和街道顺自然地形就势修建[22]，随处可见高高低低形式多样的挡土墙和人行台阶，造就了旧城区美丽的天际线。

图 3-14 隔海相望的两个城区

② 街道与广场

伊斯坦布尔的大巴扎[23]是世界上最大、最古老的巴扎之一，始建于1461年，也称金角湾大巴扎。“巴扎”是集市的意思，土耳其语就是“有顶棚的市场”。金角湾大巴扎有26个出入口，约60多条室内街道和4000多间商铺，规模宏大，拱形圆顶彩绘精致、漂亮，色系明快。

独立大街（图3–15）修建于19世纪晚期，是贝伊奥卢商业区最有名的街道之一。这条优雅的步行街长约3千米，南起加拉塔桥塔附近的中世纪热那亚社区，北至塔克西姆广场，沿街有精美的精品店、音乐商店、书店、美术馆、电影院、剧院、图书馆、咖啡厅、酒吧、夜总会、糕点铺、巧克力店和餐馆等，林林总总。

塔克西姆广场（图3–16）位于贝伊奥卢商业区，是伊斯坦布尔的制高点之一。广场南面矗立着环形独立纪念碑，纪念共和国的创建者——国父凯莫尔。紧邻广场的高大深棕色建筑是阿塔图尔克文化中心，西面是塔克西姆公园。该

图 3-15　独立大街

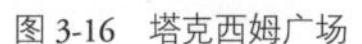

图 3-16　塔克西姆广场

图 3-17　圣索菲亚大教堂

图 3-18　苏丹艾哈迈德清真寺

广场是一个大型购物、旅游休闲区，也是举行游行、新年庆祝活动或其他社会公众活动的集会地点。

③ 建筑形态

圣索菲亚大教堂（图 3–17）是罗马帝国时期的基督教堂，有近 1500 年的历史。它是长方形石头建筑，教堂内用了 107 根柱子，柱头大多采用华丽的科林斯柱式；直径达 31.24 米、高 55.6 米的大圆穹顶通过拜占庭建筑独有的帆拱把重量传到下面的柱子，四周再用半圆穹作横向支撑。大圆穹边沿开了 40 扇窗，阳光射入，穹顶像漂浮的天空。整座教堂气势恢宏，是拜占庭文明的卓越代表。

苏丹艾哈迈德清真寺（图 3–18）建成于 1616 年。与一般的清真寺不同，它有 6 个宣礼塔，是世界上现存的唯一六塔清真寺。由于它的四周墙壁镶嵌着 2 万多块蓝色花瓷砖，使得大厅里光线显得格外柔和、静谧，故又称蓝色清真寺，它展示了奥斯曼建筑艺术和东方建筑艺术的渊源关系 [6]。

图 3-19　托卡比皇宫及其庭园

苏莱曼大清真寺[24-25]建成于16世纪50年代。与其说它是一座宗教庙宇，不如说是一个社区文化中心。这种社区文化中心被称为居莱亚，其自身是一个文化综合体，主宰着周围的商业和居住区的生活。综合体主要由学校和修道（讲经）院组成，还设置了医院、公共厨房等为学生、清真寺工作者及游览者服务。清真寺主体建筑坐落于台地上，可俯瞰城市，周边建筑群则顺应城市街道展开，地势较低矮，尺度宜人，营造出开放的城市空间。

托卡比皇宫（图3–19）是奥斯曼文化的遗迹，也是昔日举行国家仪式及皇室娱乐的场所。皇宫由四个庭院及小巧的形式各异的单体建筑组成，被描述为“奥斯曼帝国皇宫的表率”。

伊斯坦布尔处于两大洲的交会处，多元文化持续影响和融合派生，促使伊斯坦布尔在社会、文化和商业活动的各个方面日益丰富多彩。伊斯坦布尔现有40多座博物馆[26]、20多座教堂、450多座清真寺。这些美丽的建筑本身及其收藏的大量文物，都是东西方交会点的生动见证。

3）西安——中华古都

（1）城市整体景观风貌

西安（图 3–20）地处关中平原中部，历史上先后有周、秦、汉、唐等 13 个王朝定都于此，也是丝绸之路的起点。西安的文化遗存具有资源密度大、保存好、级别高的特点，包括都城遗址、宫殿遗址、帝王陵园、历史重要事件遗址、城市历史格局、宗教建筑、人类活动遗迹、历史文化街区等多个类别，1981 年被联合国教科文组织确定为“世界历史名城”。

截至 2016 年，西安境内的秦始皇陵兵马俑、大雁塔、小雁塔、唐长安城大明宫遗址、汉长安城未央宫遗址、兴教寺塔先后被列入《世界遗产名录》。

（2）城市景观格局

西安中心城区以钟楼（图 3–21）为中心，沿东、西、南、北四条大街，形成一横一纵两条城市主轴线，并衍生出几条次轴，形成富有中国传统城市空间特色的小九宫格局，每一宫格的定位不同；再通过陆上道路、水路或混合通道等不同类型的文化廊道串联城市遗址公园、历史街区、古镇名村、特色博物馆等。

图 3-20　西安鸟瞰

图 3-21 西安钟楼及其连接的大街

（3）城市特色景观

① 地形与地势

西安南依秦岭，北临渭河[7]；南部多山，北部为平原，地势东南高，西北与西南低，呈簸箕形状。西安市境内海拔高度差异悬殊，位居全国各城市之冠，巍峨峻峭、群峰竞秀的秦岭山地与坦荡舒展、平畴沃野的渭河平原界线分明，构成西安市的主体地貌。流经西安的主要河流有泾、渭、灞、浐、沣、滈、潏、涝 8 条，素有“八水绕长安”之称[27-28]。

② 街道与广场

西安中心城区的道路网络继承唐长安城方格网的格局，采用棋盘、环状加放射的模式，形成“二轴三环八放射”的道路系统。

晨钟暮鼓的景象，在西安的钟鼓楼广场得到了完美的诠释[29]。广场位于西安东、西、南、北四条大街的交会处，东侧矗立着已有 600 多年历史的钟楼，西侧则是全国现存最大的鼓楼。广场沿着“晨钟暮鼓”这一主题向古今双向延伸，在空间处理上吸取中国传统空间组景手法，与现代城市外部空间相结合，为古城西安构建了一个独特的“城市客厅”。

大雁塔广场（图 3–22）位于佛教圣地大雁塔脚下，是唐主题文化广场。整个广场由水景喷泉、文化广场、园林景观、文化长廊和旅游商贸等设施组成，南北高差 9 米，分为 9 级，由北往南拾级而上，形成对大雁塔膜拜的意象。

南门广场[30]位于西安市南门盘道，由南大街、环城南路、长安路围合而成，东西、南北各长约 200 米，是以南门城墙景观为主体，依托古城墙而展开的一个标志性文化休闲广场。

西安有不少历史悠久的古韵老街巷。大、小学习巷（图 3–23）是千年古巷，早在盛唐时就曾是西域各国外交使节[8]的驿馆驻地和对外文化交流的平台。唐朝政府在此设置了培训外国使节习用汉儒文化的学馆，西域大食国的伊斯兰传教士在此设馆讲学、布道，不同文明、多种文化相互间习用学研蔚然成风。

顺城巷[31]长约 13.7 千米，是在城墙内侧顺墙而成的一段街巷。一侧是巍巍古城墙，一侧是秀丽端庄的明清古建。漫步在顺城巷，踏着脚下宽阔的青石路面，可以充分领略西安古城的气息。

图 3-22　大雁塔广场

甜水井街[32]位于西安市西门瓮城，是一条具有千年历史的古街，是隋唐长安皇城含光门大街的一部分。街道南起含光门，北至五星街和梆子市街十字，长约 385 米。唐代时街侧有鸿胪寺和鸿胪客馆，即唐朝的“外交部”和“国宾馆”，现为一条美食街。

书院门街[33]位于南门内东侧，从碑林到关中书院门口。始建于唐代的宝庆寺华塔和碑林[34]拱立两旁，街中还有关中书院[9]和于右任[10]故居。街道两旁鳞次栉比地集中了碑帖拓片、名人字画、印章印谱、文房四宝等 100 多家店铺，漫步书院门街，浓郁的古风扑面而来。

回民街[35]是西安品尝小吃、逛街休闲的主要场所。晚上的回民街有着与白天完全不同的精彩，挂着彩灯、灯笼的各种摊铺遍布道路两旁，糕饼、干果、蜜饯等琳琅满目，小摊铺后面有许多经营当地风味小吃的饭馆，整条街道充满着真实热闹的市井气息。

图 3-23 大学习巷中的都城隍庙与西大寺

③ 建筑形态

钟楼[36]建成于 1384 年，位于西安市中心，即东、西、南、北四条大街的交会处，是现存中国古代众多钟楼中形制最大、保存最完整的一座。钟楼下部为砖石结构的正方形基座，表面用青砖砌成，基座上为两层木结构楼梯。自地面至楼顶高 36 米，整体呈典型明代建筑艺术风格。

西安城墙[37]是在明朝初年唐长安城皇城的基础上建造起来的，后又经过多次修补，城墙周围有护城河环绕，形成严密的防御体系，是中国现存最完整的古城墙之一，与山西平遥城墙、湖北荆州城墙、辽宁兴城城墙等并列为中国现存最完好的四座古城墙，也是规模最大的古城墙之一。

大雁塔[38]位于西安大慈恩寺北部，始建于唐永徽三年（652 年），起初是玄奘为保存佛经而建造的塔[11]。大雁塔为楼阁式的方形砖塔，由塔座、塔身、塔顶组成，塔高 64.1 米。

④ 节庆活动

西安是历史感极其浓厚的古城，至今保留下来的许多传统节日与历史文化的传承有着千丝万缕的联系。

城墙灯会[39]是我国春节期间的民间文化盛会，每年 1—2 月举办。灯会期间用百米长灯点亮古城，将彩光艺术再次生动演绎。

古文化艺术节[40]是西安市一项大型的文化旅游节庆活动，每年 9 月举办。古文化艺术节荟萃了陕西民间艺术精华，包括宫廷仪仗锣鼓、高跷、旱船、竹马、要狮、舞龙、大型宫廷焰火、街头社火等表演，还有深受欢迎的仿唐乐舞、陕西地方戏秦腔、眉户、木偶、皮影等大型文艺节目。此外，古文化艺术节还会举行别开生面的古城墙夜景夜市入城仪式，人们通过南门吊桥鱼贯而入，然后登上古城墙，尽情观赏文艺、武术、气功和仿唐斗鸡表演等，参与各种游乐项目。

4）京都——日本古都

（1）城市整体景观风貌

京都（图 3-24）位于日本西部，坐落于京都盆地的北半部和丹波高原的东部山区。京都是一座历史悠久的文化名城，自 794 年桓武天皇迁都平安京到 1868 年定都东京为止，京都一直都是日本的首都。京都市内拥有大量的历史遗迹，尤其是原平安京都城部分较为完整地保留和维持了历史风貌，被称为“日本人心中的故乡”。1994 年，包括 17 处古迹的“古都京都文化遗产”被列入《世界遗产名录》[12]。

（2）城市景观格局

作为一座千年古都，京都古城一直遵循平安京建设之初的城市格局，仿照中国唐长安格局建成的长方形城池，以方格网的道路划分城市街区，至今仍保持原来的风貌。各个时代积淀下来的传统建筑与山水格局相互融合，形成了古

图 3-24　京都鸟瞰　汤众 摄

朴宜人、风景秀丽的城市景观（图 3–25）。由于中心区域的限高政策，最大限度保护了城市传统特色的历史街区，将古色古香的古都韵味传承下来。

（3）城市特色景观

① 地形与地势

京都所在的盆地三面环山，分别是东山、北山和西山，背山面海，平原向南倾斜，整个盆地东北高，西南较低。市区内有两条河川，西面的桂川和东面的鸭川在南区及伏见区交界处汇合，流入淀川水系。鸭川河道[41]两岸种植有大量的樱花树，每逢夏季常有居民和游客在鸭川的河滩上纳凉。鸭川河道两岸的店铺也成为观景休闲的最佳去处，是京都独特的风景。

② 街道与广场

京都整体延续了条坊制的规划形态，道路结构呈网格棋盘式，东侧古城部分的道路更加密集和平直，西侧区域的道路尺度则更符合现代城市的交通方式。在京都的条坊制中，有由南北大路划分而成的“坊”，也有由小路划分而成的“町”。

图 3-25　古城与山水的融合　汤众 摄

乌丸通（图 3–26）是京都的主干道之一，全长约 6.6 千米，宽 20 米。这条路连接了京都的主要轨道交通，同时也是南北向的大动脉。南侧终点直接连接京都站，交通便捷，集中了大量商业设施和著名企业的总部。

四条通 [42] 是京都市内最繁华的商业街和著名的园祭花车巡游的主要路径，也是很舒适的一条步行路径。

花见小路（图 3–27）是日本最古老的花街。作为日本最古老、最有特色的街道，花见小路仿佛停驻在时间之外 [13]。小路不算很长，只有 1000 米左右，却仍旧保留了江户时期的民宅建筑，路两旁有许多颇有年头的高级料理。时常还能看到踩着木屐，装扮隆重，走起路来摇曳生姿的艺伎从这里匆匆走过。

河川在京都市区穿流而过，众多桥梁跨越其上。其中三条大桥 [43] 是日本最早的石柱桥，而四条大桥则是连接京都四条河繁华娱乐场所的必经之桥，人气颇高。

③ 建筑形态

由于京都城市东侧古都范围之内的建筑，受到道路尺度和建造技术的限制，“建筑在町之间形成为固定面积的空间，建筑高度也集中在 2~3 层，户型也相对统一，功能单一”，因此整个城市中心区域的建筑空间整体性较强，呈现出低密度的空间特征。其中最具特色的建筑形态是传统风格的寺院神社，为京都提供了特殊的文化印记和风格。

京都御所 [44] 位于京都市上京区御苑内，是日本现存唯一的古代宫殿建筑。总体平面呈长方形，仅在东北方向略有缺失。布局和建筑风格仿照平安宫建造，以紫宸殿为主的外朝呈中心轴对称分布，内廷则没有轴线，空间错落有致，布局随意。御所内的建筑没有华丽的装饰和艳丽的色彩，为了适应京都的气候特征，采用东向布局，且使用抬高地面的方法防潮。

桂离宫 [45] 是日本最著名的园林之一，也是日本古典第一名园。桂离宫综合了“从日本大和时期到桃山时期的各种造园类型，既是池泉园，也是书院造庭院和茶庭院”。园林以东部的池泉（即心字池）为核心，湖面分布有 5 座岛屿、土桥和石桥。在桂离宫中的建筑主要有书院、松琴亭、笑意轩、园林堂、月波

图 3-26　乌丸通　汤众 摄

图 3-27　花见小路　汤众 摄

图 3-28　八坂神社　汤众 摄

楼和赏花亭等。大部分是茶室建筑，形式多为草庵风式，支撑柱选用天然树木，呈现自然的曲线，通过简单朴素的外形体现出静谧的环境氛围。

伏见稻荷大社[46]是京都市内最古老、香火最盛的神社之一，其供奉的稻荷神是掌管农业与商业的神明。大社主要由入口的大鸟居、神社主殿和其他建筑物组成。其中，稻荷大社主殿后面密集的朱红色千本鸟居是京都最具代表性的景观，成百上千的朱红色鸟居整齐排列，形成一条通往稻荷山山顶的通道，在阳光晴好的天气下可以形成非常震撼的视觉效果。

八坂神社（图 3–28）也称祇园神社，是日本全国约 3000 座八坂神社之总本社。夏季的八坂神社处处绿意葱茏，红色的神殿，白色的灯笼色彩交织，而那些祈求恋爱的心形绘马，则为夏季特有的丰富色彩增添了几分浪漫写意。

京都的传统建筑中除了各类寺院建筑外，还有民居建筑——町家[47]。“町家”一词“源于 16 世纪形成的日本传统住宅建筑形式”。在现代，通常该类民居的沿街面用于开店，作为店铺或作坊，后面作为居住空间，同时还设置有坪庭。居住的空间通常为“田”字形布局，南北朝向。内部分隔多采用推拉格子门，通过平滑移动控制内外空间关系。在民居中还配有茶室，通常采用自然的建筑材料，原木色，自然优雅，呈现出淡雅、静寂的传统禅宗精神和美学特征。

京都的传统建筑风貌中也夹杂了一些现代建筑，其中京都新车站[48]是较为引人注目的一座大型综合体。京都新车站是为了纪念1994年平安城建都1200周年的重建项目，设计者为日本著名建筑师原广司。为了呈现古都的地理特征，将车站设计成为“通向历史之门”的聚集场所，因此在车站中“设置了一座巨大的厅来反映城市之门的意向”。大厅连接室内和各个使用空间，这些空间均融合于大厅之中，消减了建筑高度带来的压迫感。车站整体外观为箱形，建筑的外立面主要材料为玻璃、石材、混凝土预制构建和金属面板。

京都府立陶版名画庭园是京都市为保存和展示陶版名画而修建的，设计者为日本著名建筑师安藤忠雄。庭园完全以户外露天的形式建造，整个观赏名画的过程就是室外游园的过程。建筑师以片墙引导，结合平台、台阶和坡道形成

图3-29 陶瓷版画

立体回廊式参观路径，陶瓷版画（图 3–29）的展示方式也很多元化，被镶嵌在水池里或竖立在水池上，营造出多样的视觉景观。

④节庆活动

每年 7 月 16—29 日，会举行八坂神社的祭礼，该祭礼起源于 9 世纪末，目的是祈求驱逐瘟疫。7 月 16 日晚，城镇的旧式家庭在屋檐下挂上神灯，铺上席子，装饰鲜花，竖起屏风，渲染出节日的氛围。7 月 17 日，绚丽多彩的彩车巡游[49]，将节日氛围推向高潮。

为纪念桓武天皇平安迁都 1100 周年，从 1895 年开始，每年 10 月 22 日会举行平安神宫的祭礼——时代祭[50]，模仿延历到明治时期的风俗，按各个不同时代的风貌列队展现，使人仿佛置身于无比美丽的日本历史画卷中。

葵祭[51]也称贺茂祭，因参加此祭奠的贵族官员均在服饰上装饰葵叶而得名，每年 5 月 15 日举行。在古代，人们深信农作物歉收是加茂神在降灾，为了避免灾难，求得丰收，人们在马的脖子上系铃铛，让马奔跑，以祭奠加茂神。祭祀当天，参与祭祀的人身穿平安时代的华丽服饰从京都御所出发，沿鸭川经下鸭神社到上贺茂神社，场面宏大而壮观。

2 文化艺术之都

文化艺术之都指在音乐、美术、设计、建筑等方面享有盛誉的城市。城市孕育了文化艺术的产生，文化艺术又反哺城市，使其呈现出纷繁多彩的城市文化景观。

1）维也纳——音乐之都

维也纳

（1）城市整体景观风貌

维也纳坐落于阿尔卑斯山北麓盆地。在第一次世界大战以前依次为罗马帝国、奥地利大公国、奥地利帝国和奥匈帝国的首都，现为奥地利首都。其中心古城区 2001 年被列入《世界遗产名录》，2017 年被移至《濒危世界遗产名录》。

图 3-30 维也纳艺术史博物馆 汤众 摄

维也纳被誉为“多瑙河的女神”，罗马帝国和奥匈帝国的辉煌为维也纳留下了不计其数的建筑，巴洛克式的城堡和花园、19 世纪末期雄伟的建筑物、雕像以及公园应有尽有。而作为“音乐之都”，维也纳吸引了贝多芬、莫扎特、海顿、舒伯特等众多照耀人类星空的音乐家，他们继承并发扬了古典音乐艺术 [14]（图 3–30）。

（2）城市景观格局

多瑙河穿城而过，将维也纳一分为二，西南岸是维也纳传统城区，东北岸是 20 世纪五六十年代开始建设的新城。传统城区以多瑙河为界向西南方向呈扇形展开，环城大道把内城包围在其中。内城即老城，被称为“维也纳心脏”，是维也纳政治、文化和交流的中心。内城中心的斯蒂芬大教堂及其西面的霍夫堡皇宫是内城的标志性建筑。

围绕内城的环城林荫大道名为戒指街，两旁分布着国会大厦、国家歌剧院、市政厅、博物馆、维也纳大学、城市公园等大型公共建筑。戒指街与外环城线之间是城市的中间层，分布着商业区、住宅区以及一些宫殿和教堂。外环城线外是城市的外层，东面是工业区，西面是别墅区、公园区和其他宫殿等。

（3）城市特色景观

① 地形与地势

维也纳的高差较大，多瑙河上的罗堡岛海拔 151 米，而维也纳森林中的最高峰海拔 542 米。维也纳的西北面、西面和西南面被维也纳森林环绕，森林一直绵延到市内，成为城区景观的有机组成部分。多瑙河 52 流经维也纳市内，维也纳森林中还有许多小河流入市内，它们共同滋养了维也纳音乐之都的土壤。

② 街道与广场

维也纳内城街道狭窄弯曲，纵横交错，宽度仅能供两辆马车并排而过，街面多用小石块铺设。街道两旁多为巴洛克式、哥特式、罗马式建筑，各种店铺沿街林立。在城中心最繁华的格拉本大街上，矗立着一座黑死病纪念柱 53，是巴洛克风格雕塑的代表作；纪念柱建于 1692 年，是当时的奥地利皇帝利奥波德一世为了感谢上帝遏止了 17 世纪流行的黑死病而建造的还愿柱。

戒指街 54 是维也纳最著名的环形林荫大道，如同戒指似的把维也纳内城圈围起来。1857 年，皇帝弗兰茨·约瑟夫一世下令拆除原中世纪的内城城墙，开发城墙外的防御空地，填平护城河，取而代之的是一条宽阔的环城大道，辅以一系列的公园、喷泉以及新式建筑，并规定了大道的精确尺寸，以及地理位置和新建筑的功能，就此开启了一个横跨半个世纪的宏大建设计划。戒指街宽 57 米，长约 4 千米，绿树成荫，两旁云集了众多建于 1861—1888 年的大型公共建筑，集中体现了 19 世纪后期城市建筑艺术的辉煌成就。

1985 年，维也纳市政府在戒指街旁建立了弗洛伊德纪念公园 55，安置了弗洛伊德纪念碑，碑上刻着他的名言“理性的声音总是安静的”[15]。

城市公园是弗兰茨·约瑟夫一世下令在戒指街建造的第一座向普通民众开放的公园，占地 6.5 万平方米，于 1862 年 8 月 21 日正式开放。园区横跨维也纳河两岸，中间由桥梁连接。

公园如同一座雕像的展览场地，竖立着众多古典音乐大师的雕像，其中最著名的是约翰·斯特劳斯镀金塑像 56，熠熠生辉，动感十足。旁边的库尔沙龙是音乐家们经常聚会的地方，“圆舞曲之王”约翰·斯特劳斯及其父亲的许多作品都是在这里完成的。

③ 建筑形态

维也纳内城的地标斯蒂芬大教堂（图 3–31）是世界上最著名的哥特式教堂之一，其 137 米高的尖塔是世界第三高的教堂尖塔。

霍夫堡皇宫 57 则是维也纳另一个标志性的历史建筑，它原为哈布斯堡王朝奥匈帝国皇帝的冬宫[16]，现为奥地利总统官邸。整个宫苑由 18 个翼、19 个庭院和 2500 个房间组成，如同一个建筑博物馆，哥特式、文艺复兴式、巴洛克式、新古典主义等各种欧洲建筑风格都融汇于此。

戒指街两旁的大型公共建筑多建于 1861—1888 年，风格各异。国会大厦 58 是希腊复兴式建筑，蒂罗尔的皇家大理石矿为其提供了欧洲最优质的大理石，至今整座建筑依旧通体洁白。大厦入口外是一个巨型的喷泉，雅典的守护女神雅典娜伫立在喷泉正中。

图 3-31　斯蒂芬大教堂

图 3-32　维也纳国家歌剧院　汤众 摄

维也纳国家歌剧院（图 3–32）是世界四大歌剧院之一，素有“世界歌剧中心”之称，是维也纳的主要象征，原是皇家宫廷剧院。它是一座高大的方形罗马式建筑，仿意大利文艺复兴时期大剧院的式样，全部采用意大利生产的浅黄色大理石修建而成。

维也纳市政厅[59]正面有 5 座尖塔，正中的尖塔高 98 米，是维也纳的吉祥物，其中带有精致优雅装饰的拱廊、凉廊、阳台、尖头窗和豪华的雕刻，都体现了典型的新哥特式建筑风格。

维也纳博物馆区[60]是世界十大文化区域之一，总面积 6 万平方米，囊括了丰富多样的艺术与音乐作品。这里原是皇宫马厩，如今各种文化设施齐全，各式餐馆、咖啡馆、商店随处可见，巴洛克式建筑与现代建筑错落有致，组合形成超现代的建筑风格。

维也纳音乐协会金色大厅，1869 年竣工，是世界上著名的音乐厅之一，每年的维也纳新年音乐会都是在这里举办的。金色大厅并非一座独立的建筑，而是音乐之友协会大楼（图 3–33）的一部分。音乐之友协会大楼是文艺复兴式建筑，外墙黄红两色相间，屋顶上竖立着许多音乐女神雕像，古雅别致。

④ 日常活动

维也纳的艺术和文化传统历史悠久，戏剧、歌剧、古典音乐和美术等都享誉世界。城市内众多的歌剧院、音乐厅等演出场所为大众提供了丰富的艺术盛宴，音乐会、戏剧、舞会等全年不断，城市公园里的库尔沙龙每天都会举办华尔兹音乐会。沿着多瑙河乘坐游船（图 3–34），可以从水上欣赏河两岸的景色变幻，从另一个视角发掘维也纳的城市魅力。

⑤ 节庆活动

音乐是维也纳的血液，维也纳的许多节庆活动都与音乐、艺术血脉相连。从 1939 年开始，每年的 1 月 1 日维也纳新年音乐会都会在金色大厅举行，在世界顶级音乐指挥大师的指挥下，维也纳爱乐乐团会为世界人民献上一台精彩的音乐盛会，作品大都来自施特劳斯家族。此外还有维也纳艺术节、多瑙河音乐节、维也纳音乐电影节、流行音乐节、维也纳国际舞蹈节、室内音乐节[61]等，各种表演精彩纷呈，让这座历史悠久、举世闻名的音乐之都更加迷人。

图 3-33　音乐之友协会大楼

图 3-34　多瑙河上的游船

2）佛罗伦萨——文艺复兴发祥地

佛罗伦萨

（1）城市整体景观风貌

佛罗伦萨[17]（图 3-35）位于意大利中部、亚平宁山脉中段西麓盆地，被称为文艺复兴的摇篮和发祥地，也是歌剧的诞生地。意大利语源于佛罗伦萨方言，但丁、薄伽丘都使用这种方言写作。佛罗伦萨在历史上曾长期与美第奇家族[18]的兴衰同命运，并曾一度作为意大利统一后的首都（1865—1871 年）。

佛罗伦萨是著名的世界艺术之都和欧洲文化中心，拥有建筑、绘画、雕塑、历史与科学的宝贵遗产，如乌菲兹美术馆、学院美术馆、巴杰罗美术馆等，它们构成了这座城市主要的空间元素符号，整座城市如同一个环环相扣的博物馆。

佛罗伦萨历史中心于 1982 年被列入《世界遗产名录》。

（2）城市景观格局

阿尔诺河横贯佛罗伦萨市区，北岸的市中心仍保持古罗马时期的格局。市中心的美景很适合从南岸的山丘远眺俯视欣赏，尤其是观景城堡、米开朗基罗

图 3-35　佛罗伦萨城门　汤众 摄

广场、菲埃索列山，提供了观赏阿尔诺河河谷风景与老城区的最佳地点。佛罗伦萨共有40所博物馆和美术馆，以及60多所宫殿和许许多多大小教堂，浓郁的文化氛围遍及整座城市的每一个角落。

（3）城市特色景观

①地形与地势

佛罗伦萨位于亚平宁半岛北部一个宽广盆地的中心，三面环绕着美丽的黏土山丘，北面是卡列基山和里夫列迪山，东北是菲埃索列山，东面是塞提涅亚诺山和阿切特里山，南面是皇家山丘和贝罗斯瓜多山 62。整座城市就坐落于其中的平坦地区。

②街道与广场

佛罗伦萨市区的阿尔诺河上横跨着7座桥梁，其中最著名的老桥 63 是一座廊桥，建于1345年，是佛罗伦萨最古老的桥梁，连接乌菲兹宫与河对岸的碧提王宫[19]。桥上有一座两层楼建筑，底层是珠宝店，橱窗里各式各样的精美饰品都是纯手工制作的，上层是贵族行走的瓦萨利走廊。

佛罗伦萨的广场、古老的街道以及桥梁、花园，构成了城市宜人的步行空间。

领主广场 64 呈L形，市政厅旧宫及锯齿形塔楼是广场的主体建筑。市政厅侧翼的走廊连同整个广场浑然而成一座露天雕塑博物馆，大卫像复制品、海神喷泉、利西莫一世青铜骑马雕像等一系列雕塑作品展现了佛罗伦萨与众不同的文化底蕴和历史沉淀。

米开朗基罗广场则位于阿尔诺河南岸的小山上，是眺望佛罗伦萨全景的最佳观景点（图3–36）。广场中央竖立着大卫雕像的复制品，大名鼎鼎的大卫雕像是佛罗伦萨艺术的灵魂。

③建筑形态

在蓝天白云下，色彩鲜艳的墙壁、深绿色的百叶窗和深红色的屋顶，构成了佛罗伦萨斑斓饱满的色彩 65，无论从哪个角度成像，几乎都能收获满意的构图视觉效果[20]。

图 3-36　米开朗基罗广场上眺望佛罗伦萨老城　何韶颖 摄

圣百花大教堂[66]是佛罗伦萨的地标，外观以粉红色、绿色和奶油白三色的大理石砌成，展现出女性优雅高贵的气质。教堂的中央大穹顶是第一座文艺复兴式穹顶，与罗马帝国的万神殿、文艺复[illegible]期的圣彼得大教堂并称为古代欧洲的三大穹顶[illegible]特时代进入文艺复兴时代。

[illegible]角形教堂，建于 5—8 世纪，

[illegible]殿堂，珍藏着拉・斐尔、达・芬[illegible]等人的艺术杰作。

佛罗伦萨[illegible]是一座建于 13 世纪的碉堡式旧宫，塔楼高 94 米，是佛罗伦萨的标志性建筑物。

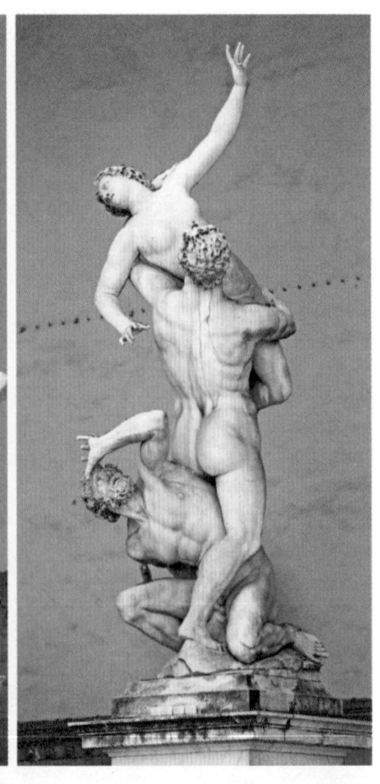

图 3-37 乌菲兹美术馆内的雕塑精品 汤众 摄

3）米兰——时尚之都

（1）城市整体景观风貌

米兰北靠阿尔卑斯山，南临波河，土地肥沃，是意大利第二大城市。米兰被称为世界时尚之都，古驰、范思哲、普拉达、阿玛尼等众多一线品牌的总部都设在米兰，世界上所有著名的时装公司都在此设立分支机构。米兰拥有大量文化艺术机构，美术馆、博物馆星罗棋布，同时它也被视为工业和现代设计之都，特别是以高品质家具和工业产品独步天下。

米兰是天主教重镇，其地位仅次于梵蒂冈罗马教廷。1000多年前，罗马皇帝在此颁布了《米兰赦令》，从此天主教成为罗马帝国国教，米兰教区是世界上最大的教区。米兰是世界上教堂最多的城市之一[21]，教堂在街头巷尾几乎随处可见，包括世界第二大教堂和第一大哥特式教堂——米兰大教堂（图 3-38）。

（2）城市景观格局

米兰城市发展呈现出圈层蔓延式增长，可分为以下四个圈层：

图 3-38　米兰大教堂在城市景观中占据统领地位　汤众 摄

图 3-39　核心圈层远眺　汤众 摄

核心圈层：Cerchia dei Navigli 环路（对应中世纪城墙）以内，是米兰的历史中心，城市建设受政治和宗教因素影响较多。

中心圈层：Cerchia dei Navigli 环路与 Cerchia dei Bastioni 内环路（对应西班牙城墙）之间，城市发展受到人文主义规划思想的影响，相对自由。

外圈层：Cerchia dei Bastioni 内环路与 Circonvallazione esterna 外环路（对应布鲁托计划环路）之间，城市建设具有相对较强的计划性特征。

外围：Circonvallazione esterna 外环路以外，城市建设比较自由。

核心圈层（图 3–39）和中心圈层汇聚了众多纪念性广场、博物馆、艺术中心等文化空间，其中不乏许多历史遗迹。

（3）城市特色景观

①街道与广场

米兰的道路系统以大教堂为中心，三条环形道路与放射性主干路相互连接，呈现同心圆加中心放射状的道路结构。城市内建设了一系列的教堂、广场、公园等环境舒适的公共活动空间，街道尺度宜人友善，适宜步行[68]。

城内原有环通的大运河（中世纪时期的护城河），大部分由于卫生原因及鼓励建筑开发和完善道路网络而被覆盖，目前只遗留西班牙城墙南部的几段。运河两岸是众多热闹的时尚场所——餐厅、酒吧、艺术画廊、旧物市场，也是许多艺术家、模特、音乐家以及年轻学生经常光顾的地方。每个月最后一个周末的古董市集（图 3–40）成为城市一大风景，大运河河畔的托尔托纳展区更成为米兰设计周最为出名的场外展区。

在但丁街和米兰大教堂之间是科尔杜西奥广场[69]。广场整体呈椭圆形，中心矗立着朱塞佩·帕里尼纪念碑。广场四周是米兰主要的金融区。

圣皮奥公园连接了和平门和斯福尔扎城堡[70]，以前是城堡的阅兵场，现在是米兰最重要的具有纪念意义的公共绿地，也是 1906 年米兰国际展览会的举办地。

②建筑形态

米兰大教堂（图 3–41）位于市中心，是米兰的象征。它是世界上最大的哥特式建筑，以其纷繁复杂的塔尖和独特华丽的雕刻闻名天下，达·芬奇还为其

图 3-40　米兰大运河河畔的周末集市

图 3-41　米兰大教堂　汤众 摄

图 3-42　米兰中央车站　汤众 摄

发明了电梯[22]。拿破仑曾于 1805 年在这里举行加冕仪式。

为了连接米兰大教堂与斯卡拉广场，1866 年建设了维托里奥 · 埃马努埃莱二世画廊[71]。该画廊呈十字交叉，顶部覆盖着拱形的玻璃和铸铁屋顶。墙壁上有象征美洲、亚洲、非洲、欧洲四大陆的镶嵌画，里面分布着古典而华丽的购物区，有许多酒吧及高级餐厅。这座拱廊是现代密封玻璃购物中心的鼻祖，被称为“米兰客厅”。

米兰中央车站（图 3–42）是折中主义建筑的典范，融合了新艺术运动和装饰艺术等多种建筑风格，其钢结构的巨大拱顶是世界上最大的钢制结构拱顶，车站也放置了许多精心制作的雕塑和马赛克艺术品。

③ 日常活动

米兰拥有大量文化艺术机构，艺术展、画廊、影院数量和每日排片量在意大利都是最高的，且全年都有丰富的展览活动。

米兰是著名的足球之城，AC 米兰和国际米兰两支球队为米兰赢得了无数的荣誉。两支球队共用的圣西罗 / 梅阿查球场 [72] 是世界各地球迷心中的圣地，还承办了 1990 年足球世界杯的开幕式 [23]。

④ 节庆活动

米兰拥有全球最大、最先进的会展中心 [73]。作为展览之都，全年约举办 80 多场展会，吸引约 3 万个参展商和 250 万参观者。一年一度的米兰国际博览会是世界第四大博览会，米兰设计周、米兰家具展、米兰建筑双年展等都具有世界性的影响力。

4）巴塞罗那——现代建筑圣地

（1）城市整体景观风貌

巴塞罗那 [74] 位于伊比利亚半岛东北部，濒临地中海，是西班牙第二大城市，也是加泰罗尼亚自治区首府。巴塞罗那是加泰罗尼亚的港口城市，也是享誉世界的设计之都和历史文化名城。巴塞罗那城区处于两座山之间狭长的平原地带，市区三面被丘陵环绕，一面是海港。城市中既有古典建筑风貌的老城区，也有现代建筑林立的新城区，整体恢宏大气，优雅壮丽。

（2）城市景观格局

巴塞罗那依山傍海，地势雄伟，城市中有滨水区、中心城区、老城区、城市扩展区等不同区域。老城区即巴塞罗那的哥特区，其城市肌理是典型的中世纪城市空间形态，街道为不规则的连续。令人印象深刻的是城市扩展区中由塞尔达规划的棋盘式格局（图 3–43），小街坊、密路网的空间形态使得整个城市呈现出阵列式的整齐划一、井井有条，同时又具有灵活丰富的多样性。

滨水区的大面积海滩则结合尺度适宜的公共空间 [75]，配有大片的公园绿地和滨海散步道，缔造出自然与人工结合的海滨沙滩美景。

（3）城市特色景观

① 地形与地势

巴塞罗那地理位置十分优越，位于贝索斯河和由不莱加特河之间的平原地

图 3-43　巴塞罗那城市扩展区棋盘式布局

带，背靠科塞罗拉山，面朝地中海，是伊比利亚半岛的门户。4.5 千米长的滨水岸线上，完整连续、各具特色的滨水公共空间使整个城市完全向大海开放。

古埃尔公园[76]位于巴塞罗那市区北部的山上，是世界文化遗产。整个公园都像是建筑师高迪的游戏空间，充满了无穷的想象力。入口处的糖果屋、蜿蜒曲折的长椅、喷泉都由彩色瓷片拼贴，创造出丰富的视觉感受，也带来了活泼的气氛。由于公园地势较高，从公园观景台可以俯瞰巴塞罗那城区，眺望巴塞罗那港和地中海的壮丽景观。

②街道与广场

老城区[77]的街道构成密集而相互不平行的不规则网络，并通过一些小型广场彼此连接。这个区域内有大教堂、毕加索美术馆、剧院、各类博物馆、市政厅、学校、图书馆等公共建筑，以及各类餐饮、酒吧、服装等商业娱乐场所，精致的喷泉与雕塑则是城市公共空间的亮点。

扩展区完美地呈现了塞达尔计划中均质化网格的理想形态，路网密度高，宽度小，使得该区域内交通量总体均匀，尺度宜人。每条街道旁均有成排的高大植被，为道路提供了良好的景观和阴凉。街道基本保持相互垂直，并且在每个十字路口都有倒角处理，形成了良好的视觉连续性。

该区域每个小街区中央均为居民提供了共享的城市绿地，每个街区至少有一个边界是开放的，且开放位置不同，使低层建筑空间的开放性各具特色，避免了单一的视觉效果。该区域街区建筑的临街面首层，几乎都有各类商业设施，室外座椅和室内店铺相互配合，为城市街道提供了宜人的休憩社交环境和便利的购物环境。

兰布拉大道[78]是巴塞罗那最为有名的一条街道，全长 1.2 千米，连接了旧港的哥伦布纪念碑和旧城区的加泰罗尼亚广场，从海边风光逐步过渡到城市景观。兰布拉大道较独特之处在于街道中心开辟了一条 12 米宽的中央步行道，两侧机动车道缩减为 6 米，中央步行道作为集市，并开放给各种街头艺人，因此不会显得过于空旷，反而充满了艺术气息，热闹非凡（图 3–44）。沿街建筑旁设置步行区，立面风格混杂哥特式、现代主义等历史建筑，多样而和谐。

③ 建筑形态

巴塞罗那市区内罗马城墙遗址、中世纪的古老宫殿和房屋与现代化的建筑交相辉映，哥特式、文艺复兴式、巴洛克式建筑与现代化楼群共存，整体色彩温暖明亮，如同这座城市的性格一样奔放热烈。

图 3-44　兰布拉大道街头艺人　陈佳琪 摄

巴塞罗那是著名的高迪之城。著名建筑师高迪为巴塞罗那注入了城市灵魂，而圣家堂（图 3–45）就是这个灵魂中最美的建筑。圣家堂是世界上唯一一座尚未完工就被列入世界遗产的建筑，其建筑形态很好地诠释了高迪的设计理念，完全没有采用直线和平面，而是以螺旋、锥形、双曲线和抛物线造就了千变万化的梦幻组合，形成了极富韵律和动感的神圣建筑。建筑中的彩绘玻璃使得阳光带着各种色彩映射进入教堂内部，丰富了空间感受，带来了令人震撼的视觉享受。

位于格拉西亚大道上的米拉之家[79]和巴特罗之家[80]也是高迪较为知名的私人住宅设计作品。米拉之家外形采用玄武岩为主材，形态起伏如波涛，与巴塞罗那起伏的群山相呼应。顶部形状怪异的烟囱和通风管的设计精彩别致，塑造出米拉之家特有的标志性特征，给人无限美好的遐想。

巴特罗之家的设计则仿佛一个精彩的海底世界。外墙上的骨形支柱，表皮的蓝绿色陶瓷装饰和屋顶上犹如遍布鳞片的龙脊，都充分展示出海洋元素。内部房间顶部是圆润平滑的螺旋造型，仿佛大海的漩涡向四周散开，而漩涡的中心则点缀着海葵状的顶灯。

建筑师米拉莱斯也为巴塞罗那的城市建设增添了许多色彩，如距离兰布拉大道不远的圣卡特琳娜市场[81]是一栋由旧建筑改造而成的新市场。米拉莱斯利

图 3-45　圣家堂　陈佳琪 摄

用一个色彩缤纷、线条优美的波浪形大屋顶，为规划齐整的城市街区带来了全新的活力。屋面是用六角形瓷砖手工拼接而成，华丽绚烂，在阳光下闪耀着七彩的光芒，仿佛一幅巨大的彩缎铺陈于城市之中。

巴塞罗那市中心光辉广场东侧，是由法国建筑师让努维尔设计的高 142 米的 33 层建筑阿格巴塔[82]，也是巴塞罗那第三高建筑。其外观极具创新性，表层铝板由 25 种颜色组成，在阳光下呈现出别样的色彩，为城市天际线描绘出新的曲线。

1992 年巴塞罗那奥运会给滨海区的改造和建设注入巨大的推动力，奥林匹克港的建设成为城市的标志性景观之一。奥林匹克公园的蒙特惠奇山通讯塔[83]形态特殊，线条流畅，是该区域的地标性建筑。其西侧的加泰罗尼亚国家艺术博物馆和巴塞罗那德国馆都是城市中著名的建筑。

④ 节庆活动

西班牙每个城市都有一位守护神，各地每年都会举办守护神节。巴塞罗那是加泰罗尼亚自治区首府，守护神为圣梅尔塞。每年 9 月 24 日前后即巴塞罗那保护神节——圣梅尔塞节，这是巴塞罗那特有的节日，会举行一系列巴塞罗那最盛大的节庆活动，如叠人塔、烟花狂奔，以及极受孩子们欢迎的巨人游行。游行时，全城轰动，大街小巷挤满观看的人群。身着国王、王后和贵族服饰的巨人塑像被高高举起并左右转体，以便路人们仰视。每段游行队伍都会有一支鼓乐队追随，一路演奏欢快的鼓乐旋律（图 3–46）。

图 3-46　圣梅尔塞节的巨人游行　何韶颖 摄

5）爱丁堡——文学艺术之都

（1）城市整体景观风貌

爱丁堡（图 3–47）坐落于苏格兰福斯湾南岸，是苏格兰首府。爱丁堡依山傍海，地貌多姿，自然景色绝佳，有着悠久的历史，城市文化遗产丰富。19 世纪新古典主义兴盛时期，作家、艺术家、评论家聚集于此，为其赢得“北方雅典”之美誉。

爱丁堡是一座自然和人文极具特色的古城。任意走在一条街道上，就会被悬崖上的碉堡那时隐时现的城垛、冰冷的火山峰和高耸的山峦的美丽和气势所震撼，随处可见中世纪到维多利亚时期的各类建筑杰作，古老的建筑物里隐藏着各式各样的现代俱乐部，使人产生古代与现代时空交错的幻觉。

1995 年，爱丁堡的旧城和新城被列入《世界遗产名录》；2004 年，爱丁堡被命名为世界上第一座文学之都[24]。

图 3-47　城堡山上远眺爱丁堡　汤众 摄

（2）城市景观格局

爱丁堡拥有风格迥异的老城和新城（图 3–48），由王子街分隔，南部是旧城，北部是新城。旧城内有许多中世纪城堡和建筑，不规则的布局体现出中世纪城市自然生长的特征。新城始建于 18 世纪，体现了新古典主义风格的城市规划理念。

爱丁堡被福斯湾的海岸线和绿带环绕。这条绿带于 1957 年设计、打造，从西部的 Dalmeny 延伸到东部的 Prestongrange，宽 3.2 千米，主要是为了限制城市扩张。

（3）城市特色景观

① 地形与地势

爱丁堡是一个多山且因城堡建于山顶而闻名的城市，城市主要围绕城市边界的 Castle 山等 7 座山丘而开发。复杂的地形形成于 200 多万年前的冰川活动，当冰川逐渐消退，冰川的遗留物与坚硬的火山岩碰撞创造了一个独特的峭壁和尾部，产生了十分奇特的鼻尾丘陵地形。

图 3-48　爱丁堡新城　汤众 摄

作为典型的丘陵城市，爱丁堡在眺望体系组织上独具特色。在视点选取方面，丘陵地形本身的高度为爱丁堡城提供了天然的视点，丘陵的山顶分别以城堡、雅典立柱以及原始的丘陵地形修饰，为公众提供了很好的眺望平台[84-86]。

在视线通廊方面，沿着山脊线东部的火山尾被规划成旧城的主轴线——皇家英里大道，行走在该街道上视线非常通透，伴着周边随地形起伏的建筑向西可以观测到 Castle 山景，向东则城市东端的北海海景一览无余（图 3–49）。垂直于轴线与皇家英里大道相交的南北向街道提供了多处从街道向周边山下远眺的视线通廊，山下建筑依据地形错落有致而使这座丘陵城市独具韵味。

②街道与广场

爱丁堡旧城有两条十字相交的主干道，南北向主干道是北桥路和南桥街，东西向是皇家英里大道[87]。皇家英里大道西起爱丁堡城堡，东至圣十字架宫，长约 1.6 千米，两旁小巷交错，构成旧城的骨架，沿街汇聚了爱丁堡旧城的精华，中世纪风情浓郁，是旧城中心的主要观光大道。

图 3-49　皇家英里大道向东看海　汤众 摄

王子街 [88-89] 是爱丁堡新城与旧城的分界线，也是爱丁堡最繁忙的商业大道，许多华丽摩登的商店汇聚于此 [25]。每到艺术节期间，南侧的王子街花园群花怒放，甚为艳丽。

新城与旧城相邻的中心地带，街道系统呈规则的格网状，几条主要的东西街道平行于王子街，南北向街道则跟王子街垂直相交，使新城与旧城之间有良好的视线通廊 [90]。

③ 建筑形态

爱丁堡城堡 [91-92] 矗立在 135 米高的城堡山上，是天然的军事要塞。城堡险要地形是由于冰河的东移，冲刷四周坚硬的岩石而形成三面陡峭的悬崖和一个东向的斜坡，这个斜坡后来就成为皇家英里大道的西起始段。爱丁堡城堡在 6 世纪时成为皇室堡垒，自此成为重要的皇家住所和国家行政中心，一直到 16 世纪初圣十字架宫落成。

圣十字架宫（图 3–50）也称荷里路德宫，是皇家英里大道的东端顶点。16 世纪以来一直是苏格兰国王和女王的主要居所，也是国家场合和官方娱乐场所。

图 3-50　圣十字架宫

圣吉尔斯大教堂[93]是苏格兰长老会礼拜场所，位于皇家英里大道的中点，其独特的苏格兰王冠尖顶构成了爱丁堡天际线的突出特点。

④ 日常活动

爱丁堡的文化活动非常丰富，剧院、博物馆、画廊遍布城市。徒步、骑车是爱丁堡人最热爱的两项运动，随意，不太受时间、空间的限制。爱丁堡最受欢迎的户外活动场所包括圣路德公园、梅德公园和布鲁兹菲尔德高尔夫球场。

城市有完善的绿道体系，全程有路牌指示，步行或骑单车逛市区和城郊都非常方便。如郊外的利斯河岸修建了利斯河步道[94]，全长 19.6 千米，沿途可感受到郊外清新的空气，欣赏迷人的自然风光。

⑤ 节庆活动

爱丁堡最盛大的节庆是每年 7—9 月的爱丁堡艺术节（图 3–51）。这个艺术节是音乐、戏剧、舞蹈、平面艺术的多元综合艺术节，包括国际艺术节、军乐节、爵士艺术节、国际电影节、书展等琳琅满目的节目，被公认为世界上最具有活力和创新精神的艺术节之一，对推动全球剧场艺术蓬勃发展功不可没。艺术节期间走在皇家英里大道上，到处是汹涌的人潮和怪异的装扮，三步一小唱、五步一大舞的人流，或打鼓，或耍宝，或演戏，或高歌，到处都是演出。演员、舞者、导演、音乐家、街头艺人和观光游客打成一片。

军乐节的军乐队分列式在爱丁堡城堡广场举行，把城堡庄重雄伟的气质完美地呈现出来。

图 3-51　爱丁堡艺术节　汤众 摄

3 教育名城

教育名城是指主要因城内的一流学府而闻名于世的文化名城。这些城市往往坐落于优美的自然山水环境之中，同时拥有深厚的历史人文积淀，两者共同孕育了高等学府自由的学术思想和浓厚的研究氛围。

1）海德堡——德国大学城

海德堡

（1）城市整体景观风貌

海德堡（图 3–52）坐落于内卡河畔，法兰克福以南约 80 千米。海德堡拥有引以为荣的中世纪城堡，以及欧洲最古老的高等教育机构之一——海德堡大学，是德国著名的文化古城和大学城，也是一座充满活力的年轻城市：海德堡是德国人口平均年龄最小的城市，城内 1/5 人口为学生。它是一个朝气蓬勃的传统与现代的混合体，是科学与艺术的中心，在城市内和城市附近都有许多研究中心。

海德堡也是浪漫德国的缩影。800 多年间，有许多诗人和艺术家慕名而来，所有世界文学史著作几乎都不会略过海德堡。19 世纪德国浪漫主义在这里发源和发展，使海德堡成为德国浪漫主义的象征地和精神圣地。整个城市散发着无可替代的人文历史魅力。

（2）城市景观格局

海德堡坐落于奥登林山边缘，依内卡河而建。城市的东面是王座山，海拔 200 米，海德堡古堡盘踞在王座山上（图 3–53）；城市的北面是如玉带静静流淌的内卡河，城市的主体——老城坐落于内卡河畔。青山绿水间的海德堡，石桥、古堡、白墙红瓦的老城建筑，渲染出浪漫和迷人的色彩。

（3）城市特色景观

①地形与地势

海德堡被王座山、圣山、盖斯山三面环绕，古堡位于海拔 200 米高的王座山上，俯视狭长的海德堡老城（图 3–54）。

图 3-52　远眺海德堡　何韶颖 摄

图 3-53　山上远眺海德堡老城　何韶颖 摄

图 3-54　内卡河北岸山上远眺海德堡古堡与老城　梁伟雄 摄

② 街道与广场

海德堡老城的主街为豪普特街，与内卡河平行，全长约 1.6 千米，是一条步行街。这条街的西端为俾斯麦广场，广场上竖立着 19 世纪德国首相俾斯麦铜像。东端的集市广场[95]是老城的市中心广场，鹅卵石铺面，中间是大力神雕像喷泉，周围有市政厅、谷物市场、圣灵大教堂和骑士之家。

海德堡最为世人所熟悉的一条小路名为哲学家小径[96]，历史上许多文人骚客、智者伟人曾在这里散步、思考和讨论，如黑格尔、歌德[26]等。哲学家小径位于内卡河北岸的山丘上，与海德堡城堡隔河相望。

③ 建筑形态

海德堡以海德堡古堡（图 3–55）而得名。该古堡始建于 13 世纪，历经了 400 年才竣工，建筑风格不断变化，从哥特式、巴洛克式到文艺复兴式，各个时期的设计理念奇妙地融合在一起，是德国文艺复兴时期建筑的代表。城堡主要用红褐色的内卡河砂岩筑成，内部结构复杂，包括防御工事、居室和宫殿等（图 3–56）。中央庭园有喷泉以及 4 根花岗岩柱，四周为音乐厅、玻璃厅等建筑物。

海德堡古桥（图 3–57）是一座石桥，有 9 个桥拱，横跨内卡河南北两岸。南岸桥头有一座桥头堡巍然屹立，与山上的海德堡古堡遥相映衬。桥头堡有两座圆塔，塔下的门洞原来是海德堡老城的入城口。桥上有两座雕像，南面是选帝侯[27]卡尔特奥多，北面是智慧女神雅典娜。

集市广场上的骑士之家是文艺复兴时期的建筑，因其外墙上绘有骑士像而得名，是城内保存下来的最古老的建筑之一，1705 年被改造为饭店并经营至今。骑士之家对面是 1398 年建成的圣灵教堂（图 3–58），为巴洛克式建筑，有漂亮的尖塔。这里有历代选帝侯的墓葬区。

海德堡大学（图 3–59）位于老城区，分为新旧两个校区，建筑精美。马丁·路德和奥古斯丁修士曾在旧校区西南侧的大学广场论战。旧校区还有一座别无仅有的学生监狱[28]，供犯错学生关禁闭之用，后来演变为学生乐园，淘气的学生会在四壁和天花板上画满涂鸦。

图 3-55　海德堡古堡

图 3-56　古堡内部庭院　何韶颖 摄

图 3-57　海德堡古桥　梁伟雄 摄

图 3-58　圣灵教堂

图 3-59　海德堡大学

2）牛津——英国大学城

（1）城市整体景观风貌

牛津（图 3-60）坐落于泰晤士河谷地，其地名意义为 Ox（牛）+Ford（较浅的水滩），传说是古代牛群涉水而过的地方。牛津城的主体是英语世界最古老的大学——牛津大学，它是连续运营的世界第二古老的大学 [29]，也是世界上最负盛名的学术研究机构之一。牛津大学不同时期建成的各式各样的书院、博物馆、教堂、花园等，形成了牛津的城市景观风貌。

（2）城市景观格局

牛津城与牛津大学融为一体。牛津大学包括 38 个学院、7 个永久私人公寓和一系列博物馆，学校没有校门和围墙，街道就从校园穿过。街道两旁是一个个中世纪的四合院，每个四合院就是一个学院（图 3-61）。历史建筑遍布城内各处，而散落在城市各个角落的商业企业，特别是高科技企业，又使牛津这座古老的城市与时俱进，焕发出青春向上的活力。

（3）城市特色景观

① 街道与广场

牛津大学各个学院、书院、博物馆等各自成为独立的单元，单元与单元之间的分隔带自然形成城市的街道，街道的交会处形成了广场空间 [97]。

雷德克利夫广场位于牛津古城的中心，是大学举行庆典及各项文艺活动的地方。广场南面是圣玛利教堂，17 世纪前学校的主要庆典、音乐会都在这里举行。广场正北面的谢尔登尼安剧院（图 3-62）是 17 世纪后大学庆典活动的主要场地，也是牛津大学授予学位的场地。每年夏天学期结束时，身披黑袍、头戴方帽的学子们列队经过大街，进入剧院，在此接受学位授予。

街道上 100 多个大大小小的书店也是牛津城的一大特色，为街道增添了许多学术气息。水石书店（图 3-63）是英国最大的连锁书店，楼上还设有咖啡馆，你可以一边享用下午茶一边悠闲地看书。

② 建筑形态

牛津城中各式各样的建筑，集中了自盎格鲁 - 撒克逊晚期至今的各种建筑风格流派，其中许多是建筑史上不朽的杰作 [30]。

图 3-60　牛津城俯瞰

图 3-61　每个四合院就是一个学院

中世纪时期，学术是教会的专利，因此牛津大学的学院大都以修道院的形式来设计建造。四合院中间是方庭，建筑外围往往也围绕着美丽的庭院。牛津素有“梦幻塔尖之城”的美称，城内有许多塔状建筑。

图 3-62　谢尔登尼安剧院　汤众 摄

图 3-63　水石书店　汤众 摄

图 3-64　卡法斯塔　汤众 摄

图 3-65　圣母玛利亚大学教堂尖顶与街景　汤众 摄

坐落于玉米市场街和皇后街口的卡法斯塔（图 3–64）是牛津圣马丁教堂仅存的遗迹，该教堂原是牛津重要的宗教中心。登上高约 22 米、有 99 级阶梯的卡法斯塔，即可居高临下眺望牛津各个学院的精美建筑。

圣母玛利亚大学教堂及其钟楼（图 3–65），哥特式尖顶装饰着美不胜收的石雕，1637 年还增添了一座巴洛克式的典雅门廊。

神学院的穹顶[98]是中世纪欧洲建筑风格的杰出代表，星形的穹顶结构展现出非凡的精致与优雅。

阿什莫林博物馆[99]建成于 1845 年，不仅是全球第一个大学博物馆，也是牛津新古典主义建筑的最佳代表。

殉道者纪念塔[100]位于圣吉尔斯街、抹大拉街和博蒙街三条大街的交会处。塔三面七角，是为了纪念被烧死在牛津的三位剑桥毕业生。该塔浓缩了天主教与新教的殊死搏杀和皇室的腥风血雨。

1860 年落成的牛津大学博物馆[101]属于哥特复兴式建筑。

3）波士顿——美国大学城

（1）城市整体景观风貌

波士顿（图 3-66）位于美国东北部大西洋沿岸，创建于 1630 年，是美国最古老、最有文化价值的城市之一。波士顿大都会区拥有约 100 所大学，超过 25 万名大学生在此接受教育，是名副其实的美国大学城，因此被誉为“美国雅典”。全世界最有影响力和知名度的两所大学——哈佛大学和麻省理工学院就位于波士顿的剑桥镇。

（2）城市景观格局

波士顿市中心区大部分面积是填海而成的，城市布局生动地记录着城市发展历史的足迹。早期的发源地布局灵活甚至随意，因需就势，巧妙地结合地形变化；后来的填海区（图 3-67）则布局规整，街道笔直。这些不同时期形成的区域布局都很紧凑，以贝肯山为中心，沿海或沿河展开城市结构，有机地交织在一起，形成城市中心区。沿城市的滨水区是公园式的草地、花园和供人和自

图 3-66　波士顿鸟瞰

行车行走的散步道，形成主要的城市公共空间系统。市区内另一空间体系是贯穿整个城区的公园绿地系统——大都市公园体系，形成一条围合中心区的绿色屏障，为城市提供了良好的生态环境。

（3）城市特色景观

①地形与地势

波士顿平均海拔为5.8米，最高点在贝勒维尔山，海拔约101米。波士顿城区建在一个半岛上，三面环水，通过一个狭窄的地峡与大陆相连，被马萨诸塞湾和查尔斯河口（图3–68）所环绕。查尔斯河将波士顿市区和剑桥、水城以及邻近的查尔斯镇分隔开来。

②街道与广场

波士顿对城市历史的保护、宣传以及对公众的教育是全方位的。波士顿城市中心有一条名为自由之路[102]的历史观光路线[31]，由红砖铺成，始于美国最古老的波士顿公园，长约4千米，把反映波士顿历史特色的16处历史文化遗迹串联起来，有助于人们对城市历史文化的了解和城市形象的建立。

图3-67 波士顿填海区

图 3-68　波士顿查尔斯河畔

19 世纪末，波士顿打造了大都市公园体系[103]，从位于市中心的波士顿公园到富兰克林公园，形成一条长约 16 千米的翡翠项链，途经皆是公园，满目郁郁葱葱，整个设计尽显美国自由主义的浪漫气息，实现城市、自然、人的共生，人工文明和自然景观的和谐统一。

科普利广场（图 3–69）地处波士顿城中心，周围是博伊尔斯顿街、克拉伦登街、圣詹姆斯大道和达特茅斯街等著名商业街。广场周围矗立着许多地标性建筑物，如老南教堂、圣三一教堂、波士顿公共图书馆、约翰·汉考克大厦等。

③ 建筑形态

贝肯山作为早期集中的居住地，与以居住为主的后湾区一起形成城市重要的历史区，在城市发展建设中受到严格的控制和完好的保护。这里分布着反映地方建筑风格和色调的 3 ~ 4 层的红砖建筑。历史区天际线与邻近的城市中心商务区高层建筑形成的天际线对比，交相辉映，城市的脉络感、层次感都非常强烈。

贝肯山山顶屹立着体块突出的州政府大楼[104]，建于 1795 年，金碧辉煌的穹顶高出周围的建筑群，成为这一区域城市天际线的主要控制点。

图 3-69 科普利广场与圣三一教堂 汤众 摄

波士顿著名的圣三一教堂[105]位于科普利广场中央，建于 1697 年，是文艺复兴式建筑，高 26 米的尖塔、玫瑰色砂岩的外观与铜雕大门是其最显著的特征。1885 年圣三一教堂被评选为美国十大建筑之一，100 年后美国公众再次将其票选为全美十大建筑。

波士顿公共图书馆[106]位于圣三一教堂对面。大楼中央是一个雕塑庭院，庭院四周是文艺复兴式拱廊建筑，朝广场的一面则采用了 16 世纪罗马宫殿的外观设计，看起来宏伟气派。在图书馆内还有很多精美的壁画和雕刻。

约翰·汉考克大厦[107]是波士顿最高的建筑，共 63 层，总高 241 米，由著名华裔建筑师贝聿铭与亨利·科布联合设计。整座建筑采用玻璃镜面，随着天气变化映出不同的景色，极富动感和美感，是波士顿市中心的标志性建筑物。

④ 日常活动

每年夏天，波士顿的音乐和表演活动随处可见，其中以位于查尔斯河畔的 Hatch Shell 露天表演台[108]最为有名。Hatch Shell 前面是一大片草地，四周是开阔的河滨带状公园，可同时容纳三四万人在此聆听或观看表演，人们可以随意找个喜爱的角落或坐或卧，轻松欣赏表演。

4 商业都会

商业都会是指从古至今或者在某些重要历史时期充当国际商业贸易枢纽的城市。这些城市往往水陆交通便利，拥有优良港口，是海上和内河航线货物、旅客运输的起讫点或中转地，也是水陆交通枢纽以及工农产品的集散地和加工工业中心，或是海内外文化交流中心。

1）广州——千年商都

广州

（1）城市整体景观风貌

广州（图 3–70）地处华南地区珠江下游，是广东省省会，拥有超过 2200 年的历史，是全世界仅有的三座中心城区位置一直没有改变的千年古城之一[32]。

作为历史文化名城，广州积累了深厚的历史沉淀。秦汉之际，广州是南越国都城；自汉代以来，广州是中国最重要的通商口岸和对外交流窗口之一、海上丝绸之路的主要起点，甚至一度成为全国唯一的对外通商口岸。广州港也是世界上唯一一个历经 1000 多年仍然长盛不衰的港口，因此广州被称为“千年商都”，城市中至今存留着大量相关的历史遗迹。在近代，得益于洋务运动和孙中山“实业救国”宏伟蓝图的带动，广州兴建了大批近代标志性建筑、工商业设施和高等教育设施，反映了当时东西方政治、经济、文化、科技、教育等在这里的碰撞和交融。黄花岗烈士墓、大元帅府、中共三大会址等也记载了当年跌宕起伏的广州近代革命历程。在现当代，广州把握改革开放的先机，城市基础设施和软硬环境都得到大幅提升，极大地带动了华南地区的发展。

图 3-70　珠江两岸　汤众 摄

（2）城市景观格局

广州自宋代开始，历代皆评选“羊城八景”，云山珠水构成了广州主体自然的景观格局。白云山是广州的肺，绿树葱葱，林海绵绵，不少古迹隐匿其中；珠江穿城而过，将城区分为河北和河南两部分，两岸分布着各个时期广州的重要历史印迹，是城市东西向的景观轴线。

广州主城区传统中轴线，北自越秀山，南至珠江水，俗称“一条扁担担起山和水”，将山川形胜、宫室城郭串联起来。这条贯穿南北的中轴线，具体位置在历代略有平移变动，但一直引导着广州城市的发展。民国陈济棠主粤期间，逐步形成了北起越秀山镇海楼、中山纪念碑，经山下中山纪念堂、市府、人民公园，穿起义路到海珠广场，跨海珠桥到刘王殿，山水相连 8 千米的近代中轴线（图 3–71）。轴线周边存留着广州最丰富的古代及近代的历史文化印迹，是城市历史文化景观轴。

在轴线西侧，有一条独一无二的宗教文化景观轴，由北往南坐落着清真先贤古墓、三元宫、六榕寺 [109]、光孝寺 [110]、基督教光孝堂 [111]、怀圣清真寺 [112]、五仙观 [113]、石室圣心堂 [114] 等涵盖伊斯兰教、道教、佛教、基督教、天主教的宗教建筑，充分反映了广州海纳百川的文化胸怀 [33]。

图 3-71　近代中轴线上的中山纪念碑和中山纪念堂　汤众 摄

广州新中轴线[115-117]落在天河区，北起中信广场，往南依次是天河体育中心、天环广场、花城广场、海心沙，到达珠江南岸的广州塔（俗称“小蛮腰”）。这条轴线串联起一系列当代标志性建筑物和大型开放空间，形成现代化的城市景观轴。

（3）城市特色景观

① 地形与地势

广州城区处于珠江三角洲冲积平原，地势东北高，西南低，北依白云山，城中有越秀山。明洪武十三年（1380 年）扩建广州城，北城墙就扩展到越秀山上，并在山上修筑了一座镇海楼[118]，以壮观瞻。清代之前珠江水面宽阔，登楼南望，可见珠江水波荡漾，蔚为壮观。目前，镇海楼虽已失去城市制高点的地位，但已改为广州市博物馆，仍是了解广州历史文化的一个好去处。

② 街道与广场

坐落于广州市海珠区的黄埔古港[119]，见证了广州作为“千年商都”的繁荣。自宋代以来，黄埔古港长期在海外贸易中扮演着重要角色。黄埔古港遗址建设成为文化公园型景区，分为纪念展示、古港公园、栈道餐饮及村头广场四个功能区，集展示、传播、娱乐、休闲于一体。其中纪念展示区由黄埔税馆、永靖营（兵营）、买办馆、夷务所和展示街组成，黄埔税馆是整个建筑群中的核心。

广州的城区中心历经 2000 多年不变，老城区留存着许多历史悠久的街巷。

北京路是一条千年古道，清代时被称为双门底大街，是广州旧城中心最繁华的集文化、娱乐、商业于一体的步行街。2002 年，北京路北段出土了自唐代到民国时期共五朝的十一层路面，而南段则发掘出宋代至明清时期共五层的拱北楼建筑基址，现都得以原地保护和展示[120]。北京路周边还留存包括秦番禺城遗址、秦汉造船工地遗址、西汉南越国宫署遗址、唐清海军楼遗址、南汉御花园、明大佛寺、明城隍庙、明清大南门遗址、清庐江书院、广州起义纪念馆等十多个朝代的具有较高历史文化价值的文物古迹，记载着历经千年的沧桑变迁。

在广州素有“东山少爷，西关小姐”的说法，前者指代东山的权贵文化，后者指代西关的商贸文化。

东山原是广州一个著名的辖区，2005 年行政区划调整并入越秀区。清代时东山仍为广州城东郊，清末广九铁路通车后，洋人、华侨、民国时期的军政官僚纷纷在此兴建别墅、官邸，在新河浦、龟岗一带聚集了 600 多栋中西合璧的近代院落式小别墅，被称为东山花园洋房（图 3–72、图 3–73），这也是东山权贵集中的缘由。由于 20 世纪初西方传教士来穗多在东山一带停留发展，寺贝通津、恤孤院路、培正路一带，兴建了福音堂、神道学校、恤孤院、培道女子学堂、安老院、医院等一批西方背景的宗教、教育和慈善机构，构成东山一带的西洋文化城市景观。

西关传统街区在清初仍是广州城西郊的水乡泽国，河涌纵横 121。随着十三行 [34] 的设立，西关得以迅速崛起，成为广州重要的进出口商贸中心和豪商巨贾的聚集地，形成独特的西关商贸文化。因此，西关文化从形成伊始，就具有中西文化交融的特点。上下九路、龙津路、恩宁路、西华路、六二三路等骑楼街，商贾富绅居住的西关大屋，普通居民的竹筒屋，以及海山仙馆等私家园林，都是西关近代中西合璧风情的重要载体。

旧时十三行对岸的海幢寺 122 是清代广州“五大丛林”之一，曾在清代外交事务中充当特殊的角色，是官方接见外使的场所，也是在广州唯一允许洋商活动的寺院。

广州主城区的珠江两岸是风光旖旎、仪态万千的景观长廊，由西向东串起沙面岛—北岸的沿江路、南岸的滨江路—海珠广场—二沙岛—海心沙—珠江琶醍等一系列城市风情区。每到夜晚，华灯初上，各种灯饰装扮的建筑流光溢彩，江面波光粼粼，凉风习习，观光游船张灯结彩徐徐而行，珠江夜景美不胜收（图 3–74）。

沙面是由珠江冲积而成的沙洲，濒临白鹅潭边，曾是广州的租界，十几个国家在沙面设有领事馆。沙面保留了众多欧陆风格的建筑 123，形成了独特的西洋情调。白天鹅宾馆 124 就坐落于沙面，是国内第一家对公众开放的五星级宾馆 [35]。

沿江路 125 位于珠江北岸，全长约 3 千米，是旧时广州金融、外贸机构的集中地，被称为广州的外滩。清末民初，沿江路与长堤大马路一带逐渐发展成广州最繁华的街区之一，矗立着粤海关旧址[126]、塔影楼、广州邮政博览馆、爱群大厦、南方大厦等一批风格各异、中西合璧的大楼，还分布着黄埔军校同学会旧址、天字码头等历史遗迹和先施公司、华夏百货、大三元酒家等一批商业老字号。

滨江路在珠江南岸，是绿树成荫的滨江休憩景观带，孙中山大元帅府（图 3–75）旧址就坐落于滨江路[36]。

海珠广场[127]位于广州市老城区中心轴线与沿江景观带的交点，见证了海珠桥被炸与重修、解放军进城等重大历史事件。广场中央矗立着广州解放纪念像，周边是泰康路、一德路等传统商业街区。

图 3-72　逵园　汤众 摄

图 3-73　中共三大会址　汤众 摄

图 3-74　珠江夜游　汤众 摄

图 3-75　孙中山大元帅府　汤众 摄

图 3-76　二沙岛　汤众 摄

二沙岛（图 3–76）是广州现代风情之地，星海音乐厅、广东美术馆、体育公园和高尚住宅小区掩映在宽敞的绿地之中，各种艺术雕塑和酒吧、茶馆散布其中，文化艺术氛围浓郁。

海心沙岛[128]是广州主城区仅存的几个江心小岛之一，四面环水，是东西向珠江景观轴与南北向珠江新城核心区轴线的交点，也是 2010 年亚运会开闭幕式会场所在地，现逐步改造成为集会展、购物、餐饮、旅游、休闲于一体的时尚中心。

珠江琶醍[129]是广州珠江沿岸工业遗产更新活化的标志性项目。紧邻珠江的原珠江啤酒厂曾是老广州人引以为豪的记忆地标，为了保存这份记忆，该项目将工业风和创意文化相结合，打造了全新的琶醍啤酒文化创意艺术区，原啤酒生产车间则被改造为啤酒体验中心及设计创意区、国际品牌旗舰店、艺术画廊，成为时下羊城年轻人夜生活的网红打卡地和广州旅游休闲观光新名片。

花城广场[130]是广州最大的广场，位于广州新中轴线的核心区域，垂直于珠江沿岸景观带。广场呈宝瓶状，占地约 56 万平方米，种植了超过 600 棵大树和古树，铺设了约 2 千米长的步行木栈道和占地超过 1.5 万平方米的浮岛湖。广场周边建设了广州图书馆新馆、广州大剧院、广东省博物馆新馆、广州市第二少年宫等大型文化设施，广州金融中心（西塔）和周大福金融中心（东塔）分立中轴线的两侧，广场的南端对景地标是 600 米高的“小蛮腰”。夜幕降临，“小蛮腰”塔身的灯光变幻奇妙，塔身晶莹剔透，与不远处西塔和东塔的灯饰交相辉映，构成广州绚丽的夜景。

③ 建筑形态

中西古今多元文化和理念的交织融合，使得广州的建筑呈现出兼容并蓄的岭南特色。

陈家祠[131]（又名陈氏书院）位于中山七路，是现存规模最大的广府传统建筑之一，也是我国现存规模最大、保存最完好、装饰最精美的祠堂式建筑，被誉为“岭南建筑艺术的明珠”。陈家祠占地面积约 15000 平方米，建筑面积达 8000 平方米，分为三轴、三进，共有 9 座厅堂和 6 个院落。在建筑装饰上，陈家祠集岭南建筑工艺装饰之大成，几乎全部堂、院、廊、厅、门、窗、栏、壁、屋脊、架梁都展示了岭南建筑的“三雕二塑一铸一画”（即木雕、砖雕、石雕、陶塑、灰塑、铜铁铸及彩绘壁画）的高超技艺，各种装饰题材广泛，丰富多彩。

中山纪念堂[132]建成于 1931 年，由中国现代著名建筑大师吕彦直设计。建筑为八角形，采用中国传统宫殿式风格与近代西洋殿堂平面相结合的手法，四面为 4 个重檐歇山抱厦，拱托中央八角攒尖顶，顶覆蓝色琉璃瓦，整体建筑形象雍容华贵。建筑内部大厅跨度 71 米而不设一柱，建筑前檐下横匾高悬孙中山题写的“天下为公”四个大字，雄浑有力。5 米高的孙中山铜像屹立在纪念堂前。每年 3 月，纪念堂园区里的红棉怒放，绿草茵茵，气氛宁静肃穆。

图 3-77　老字号茶楼陶陶居

图 3-78　迎春花市

泮溪酒家[133]坐落于荔湾湖畔，与北园、南园合称为广州三大园林酒家，由中国著名园林建筑师莫伯治设计。它荟萃了岭南庭园特色及其装饰艺术精华，由假山、鱼池、曲廊、湖心半岛餐厅、海鲜舫等组成，外围粉墙黛瓦、绿榕掩映，内部迂回曲折、层次丰富，整体布局错落有致。

④ 日常活动

粤剧是广府地区最为流行的地方戏曲，具有很强的民间性和普遍性。除了专业剧团的正式演出之外，传统茶楼、各大公园、白云山等地时常都有粤剧发烧友自行组织的各种私伙局[134]，现场伴奏、演出服饰、粉墨化妆、唱腔身段，样样不落，表演的、观看的都其乐融融。

饮早茶是广府的一种生活方式和饮食文化特色。其他省份说饮茶就只是喝茶，而广府人饮茶要以食物佐之，凤爪、蒸排骨、蛋挞、虾饺、叉烧酥、菠萝包、流沙包、拉肠、伦教糕、状元粥、艇仔粥等，多不胜数，不一而足。莲香楼、陶陶居[37]（图 3–77）、广州酒家等老字号茶楼，传承了广州的饮茶文化并将其发扬光大。

⑤ 节庆活动

迎春花市（图 3–78）是广州最为传统的节庆盛会，逛花市是广州人过年最重要的活动之一。在农历新年前的三天，广州每个区都会临时搭建起花市，大街小巷和公园市场也都摆满了鲜花、盆桔、挥春、门神贴画等。在这三天的花市里，人山人海，欢声笑语，一派丰衣足食的景象。花市会一直持续到除夕夜凌晨才结束。

每年农历二月十一至十三会举行波罗诞庙会 [135]，其中十三为正诞。波罗诞（也称南海神诞）是珠江三角洲最大的庙会，也是独具民间特色的传统节庆活动。每逢波罗诞，当地村民和其他民众会赶到黄埔的南海神庙 [136]，或烧香拜神，或赶集娱乐，络绎不绝，场面蔚为壮观 [38]。

中国进出口商品交易会（简称广交会）创办于 1957 年，每年春秋两季在广州举行，是中国目前历史最长、层次最高、规模最大、商品种类最全、到会采购商最多且分布国别地区最广、成交效果最好的综合性国际贸易盛会 [39]。2010 年后，广交会的会场展馆由广州中苏友好大厦转到了琶洲国际会展中心 [137]。

2）里斯本——大航海时代商贸枢纽

里斯本

（1）城市整体景观风貌

里斯本（图 3–79）位于葡萄牙西部伊比利亚半岛的特茹河河口，距离大西洋不到 12 千米，是欧洲大陆最西端的城市。里斯本在公元前由腓尼基人始建，13 世纪中叶开始成为葡萄牙首都，从此发展成为欧洲和地中海一带重要的贸易城市。

在 16 世纪大航海时代，里斯本是当时欧洲最兴盛的港口之一，很多航海家从里斯本出发到世界各地探险，大量黄金从葡萄牙的殖民地巴西运到里斯本，使其成为西欧大西洋沿岸与地中海区域及东西方贸易的枢纽。里斯本城市中至今保存有许多记录葡萄牙帝国荣光的印迹，如城堡、教堂、纪念碑、文化中心等，城市整体风貌古朴雅致。

1983 年，里斯本的贝伦塔和热罗尼莫斯大教堂被列入《世界遗产名录》。

（2）城市景观格局

里斯本依山傍水，自然环境优越。市区分为四个区域，包括里斯本老城区、大学城区、贝伦区和世博区。老城区以自由大道和罗西欧广场为中轴，沿特茹河延伸，圣若热城堡、奥古斯塔街凯旋门等众多古迹集中在老城区的阿尔法玛

图 3-79　里斯本全景航拍

图 3-80　特茹河河畔　何韶颖 摄

区域。贝伦区是使馆区，贝伦塔、热罗尼莫斯大教堂、发现者纪念碑以及葡萄牙百年蛋挞店等热门景点都在这个区域。大学城区是几所大学的聚集地，是一个宜居宜学的区域。世博区则是办公、居住高新区，环境和建筑都比较现代化。

特茹河（图 3–80）形成了里斯本城区的南部边界，塔古斯河和晴朗的蓝色天空构成了里斯本的主色调。

（3）城市特色景观

① 地形与地势

里斯本是一座山地之城，建在七座陡峭的山上，因此也被称为“七丘之城”。城市随着山丘起伏，中心紧凑，道路蜿蜒曲折。城中有多个观景台，是饱览整座城市风貌的绝佳处所。从观景台望出去，蓝天下特茹河畔美丽的风景和城区错落有致的红顶建筑相得益彰[138]。

② 街道与广场

老城阿尔法玛区域位于城市东南部，道路网呈现不规则形态，街道随地势坡度或陡或缓，宽度或收或放，不拘一格，形成了曲折而富有变化的街巷空间[139-140]。

1755 年大地震[40]后重建的老城中心区（Baixa 地段），垂直于特茹河岸线采用格网状布局，布置了约 60 个 70 米 ×25 米的长方形组团，主要街道的宽度均大于或等于两侧建筑高度，尺度宜人。该区域南侧以著名的商业广场与河岸相连，广场中央竖立着何塞一世国王骑马雕像（图 3–81），雕像后面是宏伟壮观的奥古斯塔凯旋门（图 3–82）。

Baixa 地段北侧的罗西欧广场[141]始建于 13 世纪，是里斯本的中心，也是城市的交通枢纽。广场为矩形，形态规整，地面采用黑白波浪地砖铺装；广场中矗立着国王佩德罗四世的雕像，雕像底座有四个女性小雕像，分别象征着正义、智慧、力量和节制，这是国王对自己的评价。以罗西欧广场为南端，延伸出里斯本老城中心的南北轴线——自由大道。自由大道道路两旁绿树成荫，酒店旅馆林立，享有里斯本的香榭丽舍大道的美称。大道北端为庞巴尔侯爵广场。

图 3-81　何塞一世国王骑马雕像　何韶颖 摄

图 3-82　奥古斯塔凯旋门　何韶颖 摄

图 3-83　街道中穿行的有轨电车　何韶颖 摄

沿着坡道缓慢穿行的有轨电车（图 3–83）是里斯本非常特别的风景。道路上的铁轨清晰可见，古老电车行进在铁轨上发出的金属声，在狭窄的街道里叮当回响，营造出独特的城市氛围。

③ 建筑形态

老城阿尔法玛区中心的圣若热城堡[142]盘踞在小山丘上，是城市的标志性建筑，在迷宫似的围墙上能俯瞰整座城市。周边街区建筑密度较高，以 2~4 层的住宅建筑为主，屋面多采用红色坡顶，墙面颜色多为黄、粉、砖红等，且常饰以各种题材丰富、色彩缤纷的涂鸦[143]，再配以紫色或绿色的雕花门窗和阳台铸铁栏杆，浓艳明快的色彩在里斯本蔚蓝的天空和明媚的阳光下显得十分耀眼夺目。

圣胡斯塔升降机[144]位于 Baixa 地段卡尔莫修道院东侧的商业步行街上，1902 年 7 月 10 日向公众开放，是里斯本唯一向公众开放的直上直下的电梯。它将地势较高的卡尔莫广场和庞巴尔下城较低的街道连接在一起。在这里既可以欣赏到美丽的风景，观景台上的餐厅还提供美味的菜肴，午后到此来一杯休闲的咖啡也很惬意[145]。2002 年该升降机被评为国家历史古迹。

贝伦塔、发现者纪念碑和热罗尼莫斯大教堂是贝伦区三个知名地标性建筑，也是大航海时代给里斯本留下的深刻烙印。

贝伦塔[146]是修建于 16 世纪大航海时代的防御工事，为葡萄牙曼努埃尔风格[41]的杰出代表，见证了葡萄牙历史的风云变幻。其塔身采用白色大理石，塔上的装饰处处显示出大航海时代的辉煌成果，如塔上的圆环代表着海上导航工具等，由此可一窥葡萄牙曾经作为航海帝国的辉煌。

发现者纪念碑[147]是为纪念被誉为“航海家”的葡萄牙亲王恩里克王子逝世 500 周年而建造的[42]。其外形如同一艘张帆的航船，碑身上刻有 80 多位水手的雕像。在纪念碑下的大理石广场上，有一个马赛克拼贴铺成的直径 50 米的航海罗盘。罗盘中央的古世界地图，根据葡萄牙人在大航海时代首次到达的不同地点及年份绘制，记录了葡萄牙人探索世界的时间表。

发现者纪念碑对面就是热罗尼莫斯大教堂[148]，也是葡萄牙航海黄金时代的象征。其建筑风格在哥特式建筑的基础上加入了穆斯林和文艺复兴两种元素，

图 3-84　4 月 25 日大桥

外观繁复而华丽，充分体现了葡萄牙全盛时期的建筑水平。

贝伦文化中心[149]坐落于热罗尼莫斯大教堂附近，是葡萄牙最大的文化传播中心。它采用典型的现代建筑手法，内外空间通透，建筑与周围街区环境自由渗透交融，且与附近的古典建筑形成鲜明的对比。

4 月 25 日大桥（图 3–84）横跨特茹河两岸，曾是欧洲第一长桥，世界第三长悬索桥[43]。桥上层是双向六车道，下层为两条铁道。桥身大红色，如一条红色的缎带悬在特茹河上。在桥上可以俯瞰里斯本和特茹河，景色瑰丽壮观。

3）阿姆斯特丹——海上贸易中心

阿姆斯特丹

（1）城市整体景观风貌

阿姆斯特丹（图 3–85）位于荷兰西北部，是荷兰的首都。12 世纪晚期它只是一个渔村，后随着荷兰海上国际贸易的迅猛发展，到 17 世纪一跃成为全世界最重要的港口。19 世纪后，阿姆斯特丹不仅保持着其港口商贸城市的国际地位，而且成为文化和金融的国际大都市。

阿姆斯特丹是运河之城，城中有 160 多条大大小小的运河和 1000 多座风格迥异的桥梁。与威尼斯的运河仅连通大海不同，阿姆斯特丹的运河既与大海相通，又连通莱茵河，使阿姆斯特丹与广大腹地有了非常便利的交通联系，为商业规模的扩大奠定了强大的基础。

阿姆斯特丹城随处都展现出油画般色彩斑斓的景象，散发着迷人的魅力。2010 年，阿姆斯特丹运河带被列入《世界遗产名录》。

（2）城市景观格局

阿姆斯特丹的布局如同一把打开的扇子，以中央车站（图 3–86）为圆心，四条主要的半环形运河层层环绕老城区，与支流纵横交错，状似蛛网，构成了其独特的城市骨架[44]。运河两旁排列着许多荷兰鼎盛时期建造的古老建筑，色彩明艳，极富特色。

（3）城市特色景观

① 地形与地势

阿姆斯特丹主要地形为平原，平均海拔为 2 米。城市三面环水，阿姆斯特尔河在市中心分流进许多小运河，最终汇入艾湾[150]。

② 街道与广场

市中心的水坝广场[151]是整座城市最热闹的地方。广场大致呈矩形，东西长 200 米，南北宽 100 米。荷兰王宫[152]位于广场的西面，是新古典主义风格的建筑，其北侧是新教堂[153]。广场的东侧是国家纪念碑[154]，北侧是女王店，南侧是

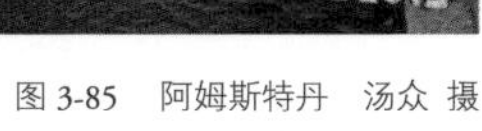
图 3-85　阿姆斯特丹　汤众 摄

图 3-86　中央车站　汤众 摄

杜莎夫人蜡像馆。顺着河道还可造访阿姆斯格林博物馆、老教堂[155]等。

达姆拉克大街[156]位于中央车站和水坝广场之间，南北走向，部分街道填运河而成。20世纪初，荷兰的证券交易大楼和其他一些金融机构的大楼矗立于此，因此，达姆拉克大街也有“荷兰的华尔街”之称。

犹太人宽街[157]是市中心的一条历史街道。17世纪，来自西班牙和葡萄牙的犹太移民选择定居于此。画家伦勃朗曾两度居住在这里，其故居保护完好。哲学家斯宾诺莎出生于这条街道。

莱顿广场是阿姆斯特丹夜生活最热闹的地点之一。广场和附近街道两旁林立着众多的餐馆和灯光妖娆的夜总会，其中红墙灰瓦的Stadsschouwburg剧院[158]是广场上最显著的标志物。

③建筑形态

阿姆斯特丹是一座具有800多年历史的古城，辛格河边有城市历史最久的居住院落——贝居安会院[159]，里面保存有阿姆斯特丹最古老的两座纯木质建筑之一，估计建成年代为14世纪[45]。

中世纪以前阿姆斯特丹所有的房子都是木构建筑，经常发生大火。16世纪后，阿姆斯特丹禁止建造木屋，砖石建筑逐渐取代了木质建筑。17世纪，阿姆斯特丹接受了巴洛克风格，其最著名的建筑代表是水坝广场上的王宫。19世纪初，建筑师开始转向全新的建筑风格，融合了哥特式、新艺术风格以及装饰艺术，自成一体，成为阿姆斯特丹学派。其建筑风格最显著的特征就是建筑外墙具有绚丽的装饰，而门窗的形状又出乎意料地奇特（图3–87、图3–88）。

运河两旁的房子也极富地域特色[160]。这些三层和四层的小楼房大多建造于17世纪，外墙以蓝色、绿色和红色为主，房子正面和窗户都非常狭窄，看起来如同玩具一般。据说，当年荷兰的房产税按照门面的面积来征收，为了少交税，人们只能无奈地尽量缩小正面的面积。

西教堂[161]是位于王子运河岸边的一座新教教堂，1631年竣工，尖顶高85米，目前仍是阿姆斯特丹最高的教堂。著名画家伦勃朗安葬于此。

图 3-87　国家博物馆　汤众 摄

图 3-88　圣尼古拉教堂　汤众 摄

④ 节庆活动

阿姆斯特丹以郁金香闻名于世，每年以花为名义举办的各种大型节庆活动层出不穷：1 月的国家郁金香日，4 月花车巡游，4 月中旬至 5 月初的郁金香节，4 月底至 5 月初的安娜保罗鲜花节，5 月初的利门鲜花节，6 月中旬的花园开放日，8 月初的韦斯兰特花船巡游，9 月初的 Eelde 花车巡游、津德尔特花车巡游和利赫滕福德鲜花巡游，连绵不绝（图 3-89）。节日期间，从花市集散地驶来的满载鲜花的船只浩浩荡荡穿行在运河上，城市成为花的海洋。

图 3-89　鲜花节

图 3-90　运河音乐节

每年 8 月中旬，阿姆斯特丹都会举行独特的运河音乐节（图 3–90），此时宁静的历史名城就会蜕变成荷兰最华丽的音乐殿堂。来自世界各地顶尖的音乐家汇聚一堂，将举办近百场室内或露天音乐会。名为运河音乐会，实际上游船、运河畔、私家庭院、屋顶露台、家庭客厅，处处都是音乐家表演的舞台。

注：

[1] 古罗马帝国（前 27—476 年）以罗马城为中心，版图不断扩张，逐渐控制了整个地中海区域。以罗马为首都的西罗马于 476 年灭亡后，以君士坦丁堡为首都的东罗马（也称拜占庭帝国）延续到 1453 年，直到被奥斯曼人灭亡为止。

[2] 梵蒂冈是罗马的一块飞地。1870 年普法战争爆发后，意大利的统一得以实现，而教宗被迫退缩到罗马城西北角的梵蒂冈宫中。此后历代教宗自嘲为“梵蒂冈之囚”。1929 年 2 月 11 日，意大利政府正式承认梵蒂冈为主权国家。

[3] 众多喷泉中，特雷维喷泉（也称许愿池）因电影《罗马假日》而风靡全球。派克和赫本联袂演绎的经典爱情故事，给古老的罗马城平添了许多浪漫元素。

[4] 拱券是一种建筑结构，除了竖向受力时具有良好的承重特性外，还起着装饰美化的作用。拱券结构是古罗马建筑最大的成就之一，其外形为圆弧状，由于各种建筑类型的不同，拱券的形式略有变化。古罗马建筑的拱券为半圆形，哥特式建筑的拱券为尖形，伊斯兰建筑的拱券则有尖形、马蹄形、三叶形、复叶形等多种形式。

[5] 1923 年土耳其共和国成立，伊斯坦布尔正式成为被国际上认可的名称。此前，它曾被称为拜占庭和君士坦丁堡。《伊斯坦布尔：一座城市的记忆》是 2006 年诺贝尔文学奖获得者奥尔罕·帕慕克的自传体小说，这本书成为许多人慕名而来的理由，追寻伊斯坦布尔波澜壮阔的历史，感受其忧郁彷徨的当下。

[6] 15 世纪，拜占庭帝国被土耳其奥斯曼帝国征服后，君士坦丁堡更名为伊斯坦布尔，拜占庭的宫殿多数被毁，圣索菲亚大教堂也被改为阿亚索菲亚清真寺，四周加上了笔杆似的祈祷楼。拜占庭文明似乎从此消失，但实际上不仅是那些城墙、地下水库和架空水渠还带着拜占庭的建筑形象被保留下来为城市服务，而且在圣索菲亚大教堂中的许多创造性的建造技术，如大圆穹、帆拱、半圆边穹等也被后来的清真寺所接受，以至于代表两个对立宗教的圣索菲亚大教堂和蓝色清真寺，如兄弟般一起坐落于市中心广场的两侧。

[7] 中华民族称自己为龙的传人，而龙脉据称就在西安。龙首向北，饮渭河之水，龙尾朝南，吸天地之灵气，从秦岭冲出。今西安龙首村常被认为是龙首所在地。

[8] 其中比较有名的遣唐使是日本的阿倍仲麻吕，入唐后他改汉名为晁衡，在唐生活了 54 年，和李白、王维交往密切。他是中日文化交流的杰出使者，他的经历谱写了中日友好、一衣带水的历史篇章。1978 年，在中国西安和日本奈良分别建立了阿倍仲麻吕纪念碑，以供后人瞻仰缅怀。

[9] 关中书院是明清两代陕西的最高学府，也是全国四大著名书院之一。

[10] 于右任，中国近现代政治家、教育家、书法家，早年是同盟会成员，长年在国民政府担任高级官员，是复旦大学、上海大学、国立西北农林专科学校（今西北农林科技大学）的创办人。

[11] 雁塔题名的文化活动始于唐代，高中金榜的状元和进士齐集大雁塔题名，而武举则到小雁塔题名。白居易于 800 年中了进士，曾赋诗：“慈恩塔下题名处，十七人中最少年。”

[12] 京都千年古都的形态和历史遗迹得以保存，我国著名建筑史学家梁思成先生厥功至伟，他出于一位学者保护历史文化遗产的良知，劝阻了第二次世界大战末期美军轰炸京都和奈良。

[13] 千年的京都拥有千年的老店。一家名叫“一文字屋和辅”的小店，1000 年开业，至今历经 25 代掌门人，一直以来只卖一样东西——烤麻薯。

[14] 在维也纳，照耀人类星空的不仅仅是名垂青史的众多音乐家，也包括其他许多领域的杰出人物，如奥地利经济学派的卡尔·门格尔、路德维希·冯·米塞尔、弗里德里希·冯·哈耶克，精神分析学派的创始人西格蒙德·弗洛伊德，小说家斯蒂芬·茨威格，等等。

[15] 1899 年出版的弗洛伊德代表作《梦的解析》，被认为是精神分析心理学的正式形成。弗洛伊德的理论研究为 20 世纪西方人文学科提供了重要理论支柱。

[16] 哈布斯堡王朝的夏宫是美泉宫，因电影《茜茜公主》而被世人所熟悉。茜茜公主和她的丈夫——奥匈帝国的第一位皇帝弗朗茨·约瑟夫一世在美泉宫度过了他们婚姻的最初时光。

[17] 佛罗伦萨曾被诗人徐志摩译为“翡冷翠”，这无比诗意的名字让无数未曾去过佛罗伦萨的中国人遐思神往。

[18] 美第奇家族是 15—18 世纪中期在欧洲拥有强大影响力的家族。文艺复兴的三巨匠——米开朗基罗的天赋被美第奇家族发现，达·芬奇和拉斐尔的作品被美第奇家族收购、收藏，以及提香、波提切利等众多艺术大师无不与美第奇家族有着千丝万缕的联系。从某种意义上来说，没有美第奇家族的权势、财富和对艺术的酷爱，就没有欧洲的文艺复兴。

[19] 少年时期的但丁与他的缪斯女神贝亚特丽丝在老桥邂逅，成就了一曲千古绝唱。但丁将贝亚特丽丝写进了他的《神曲》，也成为他终生的信仰灯塔。虽然贝亚特丽丝红颜薄命，但她的名字却成为了不朽。

[20] 1817 年，法国著名作家司汤达游历佛罗伦萨，完全沉醉于文艺复兴时期的大师杰作。一天，他从圣十字教堂出来，突然头脑昏晕，心脏颤动，每走一步都几乎要摔倒。医生诊断这是由于频繁欣赏艺术珍品而使心情过于激动所致。这种因强烈的美感而引发的罕见病症，从此被称为司汤达综合征（也称佛罗伦萨综合征）。

[21] 米兰的所有教堂中，米兰大教堂最为有名。然而，圣玛利亚感恩教堂道明会修道院的名气不在其下，因为达·芬奇名震天下的《最后的晚餐》就保存在这座修道院，这幅长近 9 米的壁画创作于修道院食堂的北墙之上。

[22] 据传教堂的屋顶藏有一枚钉死耶稣的钉子，每年信徒要上去取下钉子拜祭三天。为了取放方便，达·芬奇发明了升降机。

[23] AC 米兰球迷称其为“圣西罗球场”，因其坐落于米兰的圣西罗区，而国际米兰球迷则习惯称其为“梅阿查球场”，是为了纪念 20 世纪三四十年代曾先后效力于米兰双雄的意大利著名球员朱塞佩·梅阿查。

[24] 2004 年，爱丁堡向联合国教科文组织申请为“文学之城”，不到 24 小时就获得批准，成为第一个被联合国永久认可的“文学之城”。这不仅是因为《福尔摩斯探案集》《哈利·波特》等著名文学作品在此诞生，也因为这座城市提供了丰富的文学活动，如著名的文学奖项——布克奖。众多照亮人类历史进程的杰出人物或出生于斯，或成长于斯，或以此为创作基地，包括古典经济学之父亚当·斯密、欧洲近代历史创始人沃尔特·司各特、福尔摩斯之父柯南·道尔、经验主义哲学大师大卫·休谟、著名诗人彭斯等大批思想界、文学界、艺术界划时代的英才。爱丁堡曾在长达

50 年内都是欧洲思想动向和艺术品位的风向标。

[25] 在星光熠熠的先贤中，沃尔特·司各特是最受爱丁堡人尊重的历史人物之一。他出生于爱丁堡乔治广场 25 号（柯南·道尔的故居在 23 号），去世后，爱丁堡人在车水马龙的王子街边上，为这位文学宗师建造了一座高约 67 米、规模为世界之最的作家纪念碑。

[26] 歌德曾 8 次来到海德堡，他第七次来海德堡时谱写了一段黄昏恋。他与舞蹈家玛丽安娜碰撞出爱情火花，他将对玛丽安娜炽热的情感化作为一首首情诗，这些诗后来收集在《东西诗集》中。

[27] 选帝侯是德国历史上皇位继承制度的特殊人物，他们是拥有选举罗马人民的国王和神圣罗马帝国皇帝权力的诸侯。1356 年，卢森堡王朝正式确认大封建诸侯选举皇帝的合法性，并确立了帝国的 7 个选帝侯，其中 3 个教会选帝侯，4 个世俗选帝侯。

[28] 当年海德堡的学生经常会在夜深人静时酗酒闹事，骚扰市民，根据法律，警察无权关押他们。迫于外界压力，学校设立了监狱，以惩处犯错的学生。该监狱始建于 1712 年，1914 年第一次世界大战时关闭。

[29] 排在第一位的是意大利的博洛尼亚大学，始建于 1088 年，自成立以来从未间断过教学。有史可查，牛津大学建校于 1096 年，比博洛尼亚大学晚 8 年。在过去近千年的历史中，牛津大学培养了 27 名英国首相、64 位诺贝尔奖获得者，与剑桥大学合称“牛剑”，称雄于世界最高等学府。《时间简史》的作者霍金本科就毕业于牛津大学。

[30] 电影《哈利波特》钟情于牛津大学，共有 4 个场景在此取景，包括牛津大学基督教会学院食堂、牛津大学图书馆、牛津大学波德莱恩图书馆和牛津新学院。

[31] 波士顿是美国历史的缩影。1951 年，波士顿知名记者威廉·思科菲尔提出“自由之路”的构想，希望借此让所有人以步行的方式游览波士顿城市，更好地了解美国的历史起源。

[32] 建城 2000 年而城市主城区始终未移的三座城市分别是罗马、亚历山大和广州。

[33] 作为海上丝绸之路的重要起点，广州自古以来对外交流频密，在中国宗教文化史上，广州历来是中外宗教文化交流的重要门户和枢纽，本土宗教和外来宗教都曾在这块土地上传播、交流、渗透，给广州城留下了众多印迹。

[34] 广州十三行是清政府指定专营对外贸易的垄断机构。在清代“一口通商”时期，十三行的发展达到了巅峰，成为“天子南库”，与海外各国有着直接的贸易往来。十三行商人是清代中国三大商人集团之一，从垄断外贸特权中崛起，经济实力显赫，是清代中国最富有的商人群体，如伍秉鉴就曾被评为当时的世界首富。

[35] 白天鹅宾馆于 1983 年开业，当年就开始盈利。白天鹅宾馆的成功带动了大批外资进入广州，随后建成的中国大酒店、花园酒店，使广州占据了 20 世纪 90 年代初全国 8 家五星级酒店中的 3 席。

[36] 孙中山大元帅府因孙中山 1917 年和 1923 年两次在这里建立大元帅府而得名。其前身为广东士敏土厂，始建于清光绪三十三年（1907 年），生产规模仅次于天津开平水泥厂，是当时我国第二大水泥厂。

[37] 茶楼陶陶居的牌匾为康有为所题。陶陶居始创于光绪六年（1880 年），起初名为“葡萄居”，是迄今广州最古老、最出名的茶楼之一。康有为当年在广州万木草堂讲学期间经常到此饮茶，遂为老板亲笔题写“陶陶居”招牌，取其“乐也陶陶”之意。

[38] 南海神庙（也称波罗庙）是中国古代海上丝绸之路的起点，也是广州古树名木编号的起点。它位于广州黄埔区，创建于 594 年，为祭祀南海神祝融而建，是我国古代由历朝官方拜祭的四大海神庙中规模最大、最古老、唯一完整保存至今的海神庙，也是南方古碑刻保存较多的庙宇之一。

[39] 自 1957 年创办以来，广交会每年春秋各一届，至今已举办 128 届，历经 63 年从未间断。

[40] 1755 年 11 月 1 日，里斯本发生了罕见的大地震，将城市 2/3 的区域夷为平地。当时恰逢周末，很多人聚集在教堂里做弥撒，所以死伤惨重，约有 6 万人丧生。当时担任葡萄牙首相的庞巴尔侯爵受命重建里斯本。为了纪念庞巴尔的贡献，1926 年 5 月奠基修建了以他名字命名的广场，即自由大道北端的庞巴尔侯爵广场。1934 年 5 月，又竖立了他的青铜塑像。

[41] 15 世纪晚期至 16 世纪中期，葡萄牙因极力发展海权主义，在艺术和建筑上出现了独特的建筑风格，当时执政者为曼努埃尔一世，因此这种风格被称为曼努埃尔风格。其建筑特色在于扭转造型的圆柱、国王纹章和雕饰精细又繁复的窗框，同时运用大自然图像，如在石头上镶嵌贝壳、锚等。因当时葡萄牙船只遍布世界各地，为葡萄牙建筑师带来了亚、非、欧、南美等多元的文化元素，所以曼努埃尔风格又被后人称为“大海风格”。曼努埃尔风格作为葡萄牙海上大帝国的产物，不可避免地随着帝国的衰落走向没落，但它留下的华美绝伦、气势磅礴的建筑将永远记载海上霸主曾经的辉煌。

[42] 恩里克王子是葡萄牙亲王，因设立航海学校、奖励航海事业而被称为“航海家”。在他的支持下，葡萄牙船队在非洲西海岸至几内亚一带掠取了大量黄金、象牙和黑奴，并占领了马德拉群岛。虽然恩里克王子一生仅有四次短距离的海上航行经历，但他组织和资助了最初持久而系统的航海探险，也是他将探险与殖民结合起来，使航海探险变成一个有利可图的事业。在他的领导下，葡萄牙人视自己为新时代的十字军，将联络祭祀王约翰、寻找东方基督徒、探索未知海域、打击穆斯林作为自己的国家大战略。

[43] 大桥建成于 1966 年，最初以当时的独裁统治者 Salazar 的名字命名，被称作 Salazar 桥。后来为了纪念 1974 年 4 月 25 日葡萄牙人民在丁香革命中推翻 Salazar 独裁的军政府而改名为 4 月 25 日大桥。

[44] 四条运河从内到外分别为辛格河、绅士运河、皇帝运河和王子运河。

[45] 贝居安会院是贝居安会使用的院子。贝居安会是罗马天主教会于 13 世纪在低地国家创立的女性信徒组织。当时由于常年战乱造成大量男性死亡，留下很多生活无依的妇女，于是一个类似福利院或养老院性质的宗教组织贝居安会便出现了。这个组织由富人资助，成员大多是无依无靠的中老年妇女，她们也像修道院那样从事一些宗教活动，但又没有修道院那么多的清规戒律，进入门槛也不高，所以可以理解为是一个半世俗、半修道会性质的组织。

第4课 现代人工景观城市赏析

1 现代首都

现代首都是指目前各个国家的政治中心和中央政府所在地，国家主权的象征城市。这些城市通常是该国各方面实力最雄厚的城市，与一般城市相比，其政治性和纪念性城市景观比较突出。

1）北京——中国

（1）城市整体景观风貌

北京（图 4–1），中华人民共和国首都，地处华北平原北部，历史上曾为六朝都城，各个朝代在此建造了许多宫廷建筑，使其成为中国拥有帝王宫殿、园林、庙坛和陵墓数量最多的城市。

北京不仅是一座古都，更是一座世界一线城市，是拥有全球最多 500 强企业总部的城市，是中国最大的科学技术研究基地，集中了中国最多的高等院校和最顶尖的大学。在音乐、舞蹈、时尚等艺术领域，北京既是经典流派的引领者，也是先锋创新的风向标。北京在全球政治、经济等社会活动中处于重要地位，具有主导辐射带动能力。

迄今为止，北京的长城、故宫、颐和园、天坛、明清皇家陵寝、周口店北京猿人遗址、京杭大运河先后被列入《世界遗产名录》。

图 4-1　北京城市天际线远眺

图 4-2　北京中轴线

（2）城市景观格局

北京中轴线（图 4–2）是指自元大都、明清北京城以来，北京城市东西对称布局建筑物的主轴。明清北京城的中轴线南起永定门，北至钟鼓楼，长约 7.8 千米，是古代北京城市建设中最突出的成就。20 世纪 90 年代，为连接城市中心和亚运村，在二环路钟鼓楼桥引出鼓楼外大街，向北至三环后改名为北辰路，这条路成为北京中轴线的延伸，西边是中华民族园，东边是国家奥林匹克体育中心。北京申奥成功后，中轴线再次向北延伸，成为奥林匹克公园的轴线，东边建造国家体育场鸟巢，西边则是国家游泳中心水立方。再向北，穿过奥林匹克公园，到达奥林匹克森林公园。

（3）城市特色景观

①地形与地势

北京地处中国北部、华北平原北部，地势西北高、东南低。西部、北部和东北部三面环山，东南部是一片缓缓向渤海倾斜的平原。永定河、潮白河、北运河、拒马河等流经此处，它们多源自西北部山地，穿过崇山峻岭，向东南蜿蜒流入平原地区，最后分别汇入渤海[1]。

②街道与广场

北京中心城区的街道网络是典型的棋盘式网格，横平竖直。

长安街（图 4–3）是横贯城市的东西向主干道，总长 3.8 千米。长安街是举办全国重大庆典活动的重要户外场所，在中国政治生活和全国人民心目中具有特殊的意义和神圣的地位，体现着首都和国家的形象。

前门大街[2]、大栅栏地区仍保留着老北京的古城风貌，是北京城最具魅力的古老商业街区。580 多年历史的街巷肌理如故，绝大多数仍沿用明清以来的传统地名和商市街名。各行各业的老北京人祖辈居住在这里，老北京饱含历史积淀的市井生活、商业文化、餐饮文化、梨园文化、会馆文化、士儒文化、起居文化、民俗文化、胡同文化、四合院文化等在这里汇聚、传承。

王府井大街[3]位于北京市东城区，全长 1818 米，是一条具有数百年历史的商业街。大街两侧商场林立，弘扬着中国传统和现代商业文化。

图 4-3 长安街街景

除了宽敞的大街外，北京还有无数特色的小胡同。

国子监街[4]在东城区安定门内，因孔庙和国子监在此而得名。国子监街多平房民居，保存着旧京城街巷风貌。国子监街有四座牌楼，东西街口各一座，额题“成贤街”，国子监附近左右各一座，额题“国子监”，这条街也是北京仅存有牌楼的街道。此外，国子监街上还有祀唐代大文学家韩愈的韩文公祠、始建于明代的火神庙、祀灶王爷的灶君庙。

烟袋斜街[5]位于西城区，以经营旱烟袋、水烟袋等烟具、古玩、书画、裱画、文具等为主，铺面风格朴素，富有北京北城特点，是北京较有名气的文化街，曾留下不少文化名人的足迹。

天安门广场[6]位于北京市中心，是世界上最大的城市广场，也是中国最具代表性和纪念性的广场，是共和国举行重大庆典、盛大集会和外事迎宾的场所。广场南北长 880 米，东西宽 500 米，中央矗立着人民英雄纪念碑和毛主席纪念堂。西侧是人民大会堂，东侧是中国国家博物馆，南侧是两座建于 14 世纪的古代城楼——正阳门和前门箭楼。天安门城楼坐落于广场北端，两旁是劳动人民文化宫和中山公园。这些雄伟的建筑与天安门浑然一体，成为北京的一大胜景。

北京的城市公园数量众多、类型丰富，其中尤为著名的是文化遗址公园，如颐和园、景山公园、圆明园遗址公园、北海公园等。

颐和园是清朝的皇家行宫和大型皇家园林，位于海淀区西北，占地 297 万平方米。园区以万寿山和昆明湖为主，其中昆明湖占园区总面积的 3/4，重要建筑都集中在万寿山（图 4–4）南北中轴线上。除了湖和山，还有殿堂景区、耕织图景区等。颐和园以人工建筑与自然山水巧妙结合的造园手法著称于世，是中国园林艺术顶峰时期的代表（图 4–5—图 4–7）。

景山公园[7]位于西城区，西临北海，南与故宫神武门隔街相望，是元、明、清三代的御苑，不仅供皇家游赏，还具有习射、停灵、祭祖、官学、躬耕、戏曲、宗教等多重功能。公园坐落于明清北京城的中轴线上，园区中心的景山[1]曾是全城的制高点。

图 4-4　万寿山远景

图 4-5　荇桥

图 4-6　十七孔桥

图 4-7　含新亭

北海公园位于故宫和景山的西北侧，始建于宋辽金时代，是世界上现存建园时间最早的皇家宫苑。北海的布局以琼华岛为主体，在岛的顶端建有标志性建筑永安寺白塔[8]，与南岸的团城、北岸的宫苑群遥相呼应，相互借景，构成园林的南北中轴线[9-11]。

圆明园遗址公园[12]位于海淀区。经清代雍正、乾隆两朝扩建，圆明园开创了中国历史上将西方园林艺术融入皇家园林的先例。它是清代皇帝休憩游览、朝会大臣、接见外国使节、处理日常政务的场所。咸丰十年（1860 年）8 月，英法联军攻入北京，10 月占领圆明园并纵火焚烧了三天三夜，园内仅存山形水系、园林格局和建筑基址，以及部分假山叠石和雕刻的残迹。圆明园遗址公园建成于 1988 年，在“西洋楼”旧址建有园史展览馆，供人瞻仰凭吊。

③ 建筑形态

北京无处不在的宫殿、古建，无不延续着千年古城的风采。

北京故宫[13-16]（也称紫禁城）位于北京中轴线的中心。故宫以三大殿为中心，占地约 72 万平方米，建筑面积约 15 万平方米，大小宫殿 70 余座，房屋 9000 余间，是世界上现存规模最大、保存最完整的木构古建筑之一。

雍和宫[17]位于北京市区东北角，因乾隆皇帝诞生于此，雍和宫出了两位皇帝，成了“龙潜福地”，所以殿宇为黄瓦红墙，与紫禁城皇宫规格一样。它由三座精致的牌坊和五进宏伟的大殿组成，从飞檐斗拱的东西牌坊到古色古香的东西顺山楼，占地 66400 平方米，有殿宇千余间。

天坛[18]位于东城区永定门内大街东侧，是明清两代帝王祭祀皇天、祈五谷丰登之场所。天坛是圜丘、祈谷两坛的总称，有坛墙两重，形成内外坛，坛墙南方北圆，象征天圆地方。

北京作为闻名于世的历史文化名城，也体现在各种宗教的和谐共存上。大量佛教寺庙、道教宫观、基督教和天主教堂、伊斯兰教清真寺等在北京城广泛分布，成为城市中特别的文化景观[19-22]。

为迎接建国十周年，北京兴建了一批公共建筑作为国庆献礼，以展示年轻的共和国所取得的成就，包括人民大会堂[23]、国家博物馆[24]、全国农业展览馆[25]、北京军事博物馆[26]、民族文化宫、工人体育场等。这批建筑风格庄严雄伟，壮丽典雅，富有民族特色。

中央商务区[27]一栋又一栋的摩天大楼，不断改写着北京的天际线[2]，书写着一座生机勃勃的现代大都市新篇章。

2）华盛顿——美国

华盛顿

（1）城市整体景观风貌

华盛顿哥伦比亚特区（简称华盛顿），美利坚合众国首都，位于美国东北部，波多马克河和阿纳考斯蒂亚河交汇处的北岸高地上。华盛顿作为美国的首都[3]和政治、行政、司法、文化中心，拥有丰富的人文景观，整体城市形态的纪念性格局和氛围营造出一种历史的厚重感和永恒感。

包括朗方规划[4]和麦克米伦规划[5]在内的一系列城市规划，奠定了华盛顿的城市景观发展基础，也为华盛顿核心区域形成纪念性景观集群和其他文化设施集群提供了良好的条件。

（2）城市景观格局

华盛顿城市中心区的整体格局基本保持了法裔工程师朗方的规划理念，采用放射形干道加方格网的道路系统，以北端的白宫和东端的国会大厦为两个主要核心，向四周放射道路，再辅以规则的方格网道路，以构成城市结构的基本框架。

以白宫为北端的轴线，向南延伸至河边的杰斐逊纪念堂，沿线分布着美国财政大厦、商务部、农业外交部等政府机构，是一条政治中心轴。以国会大厦为东端的国家林荫大道（图 4–8），向西延伸至河边的林肯纪念堂，林荫大道两侧分布着国家美术馆东西馆、国家自然历史博物馆、犹太人博物馆等一系列博物馆和艺术馆，是一条文化中心轴。两条轴线相交之处是华盛顿纪念碑，白宫与国会大厦之间以一条斜向的笔直道路相连，整体形成带有巴洛克构图风格的城市景观架构。

图 4-8　以国会大厦为东端的国家林荫大道

图 4-9　以国会大厦为端点的国家林荫大道

（3）城市特色景观

① 地形与地势

华盛顿整体地势相对平坦，波多马克河和阿纳卡斯蒂亚河在城市南部交汇。国会大厦[28]是国家林荫大道的制高点，位于高出波多马克河约 30 米的琴金山山顶。

② 街道与广场

华盛顿的街道最富纪念性的是国家林荫大道（图 4–9），它是城市中心区的东西向轴线，宽 244 米，长约 4 千米，中间为草坪，两侧种植了 4 排美国榆树，形成了一条宏大的线性景观，如同一片带状的林荫遮蔽的大广场。林荫大道两旁布置着各类展览馆、博物馆之类的文化建筑，建筑高度均不超过国会大厦，因此虽然建筑形态和体量各异，但总体风貌仍然体现出和谐统一的秩序感。

宾夕法尼亚大道[29]（也称美国大街）是连接国会大厦与白宫的斜向街道，因其特殊的区位，被认为是华盛顿最重要的城市心脏，是官方游行和民间抗议的主要场所。

华盛顿纪念碑（图 4–10）位于两条轴线的交会处，东侧的草坪和西侧的水池为中轴线的景观带来了积极的变化[6]。纪念碑采用大理石建造，整体没有采用台座和任何装饰，线条简洁流畅，水中的倒影极为动人。纪念碑内部设有可以登顶的电梯和台阶，身处顶端可以俯瞰整个华盛顿特区。

越战纪念碑[30]位于国家林荫大道北侧的宪法公园。其设计手法与其他纪念碑完全不同，设计者林璎[7]将主体空间与大草坪紧密结合却又掩入地坪以下，刻满越战死难者名录的两片黑色磨光花岗岩石墙成钝角相交，两边分别指向华盛顿纪念碑和林肯纪念堂[31]。人们沿着缓降的斜坡漫步，会产生一种低沉哀伤的情绪。

③ 建筑形态

华盛顿的建筑融合了新古典主义、文艺复兴、巴洛克、现代主义等各种风格。

国会大厦（图 4–11）是美国联邦最高立法机关所在地，东西向轴线的东端。总体形态中轴对称，全长 233 米。中央顶楼建有 3 层圆顶，塔顶立有自由女神

图 4-10 华盛顿纪念碑 汤众 摄

图 4-11 国会大厦 汤众 摄

铜像，两侧南北翼楼的外墙全部使用白色大理石，通体洁白，建筑风格仿照巴黎万神庙，展现出雄伟的纪念性，为新古典主义的代表作。

林肯纪念堂（图 4–12）是为纪念美国前总统林肯而建造的，位于国家广场西侧、阿灵顿纪念大桥引道前，是东西向轴线的西向视觉终点。它是一座古希腊式的白色建筑，36 根白色大理石圆形柱廊环绕着纪念堂主体，整体形态庄严肃穆。纪念堂内部放置有采用白色佐治亚云石雕刻的林肯雕像[32]，雕像正对着前方的华盛顿纪念碑和尽头的国会大厦。

图 4-12　林肯纪念堂　汤众 摄

图 4-13　国家美术馆东馆侧面　汤众 摄

国家美术馆东馆（图 4–13）位于国家林荫大道北侧。建筑师贝聿铭[8]将一个梯形从对角线一分为二，形成两个三角形的形态，既很好地适应了地形，实现了与整个区域纪念性尺度的融合，又与老美术馆侧轴相通，解决了与老馆关联的问题[33]。建筑材料采用了与西侧老馆相同的大理石，更好地融入了场地环境，被誉为“现代艺术与建筑充满创意的结合”。

3）柏林——德国

（1）城市整体景观风貌

柏林（图 4–14），德意志联邦共和国首都[9]，地处德国东北部平原。施普雷河横贯市区，城市周围 1/3 的土地由森林、公园、花园、河流和湖泊组成。

柏林拥有历史悠久且丰富多元的城市文化，各个时代各种风格的建筑都能在复杂的历史环境下和谐共处。柏林正在重建“文化之都”，市内有多座大型歌剧院、多个大型管弦乐团和几十座剧院以及无数座世界级的博物馆，它们使柏林成为创意之都、设计之都和全世界艺术家的圣地。如今的柏林作为一座开放性的多元化国际大都市，正在展现着其生机勃勃的活力。

（2）城市景观格局

柏林城有一条东西向的轴线，东起马克思—恩格斯广场，向西穿过勃兰登堡门，经过胜利柱，延伸到中央公园西界[34]。勃兰登堡门、胜利柱、宫殿广场，这些城市的标志性建筑物以及连接它们的菩提树下大街、6 月 17 日大街构成的轴线空间是柏林重要的城市景观。

图 4-14　柏林多元的城市景观　汤众 摄

图 4-15　柏林摩天大楼　汤众 摄

两德统一后，在勃兰登堡门以北的施普雷河湾形成德国新的政治中心，包括总理府[35]、国会大厦、世界文化中心、联邦雇员住宅等，这个区域将新老建筑巧妙结合，极具代表性又不失典雅之风，是柏林城最集中的政治景观。

柏林的西部被打造成现代建筑集中区。1957 年国际化的 Interbau 住宅区由著名建筑大师沃尔特・格罗佩斯、勒・柯布西耶和奥斯卡尼迈耶主持设计，他们“明日之城”的理念渗透在整个方案的实施过程中。柏林汉莎小区兴建在战争废墟之上，代之以现代生活区和摩天大楼街区（图 4–15）。

世界文化遗产博物馆岛坐落于柏林市中心，它是世界上最重要的博物馆群之一，由老博物馆、新博物馆、老国家美术馆（图 4–16）、博德博物馆和佩加蒙博物馆组成，展览举世无双的世界级文化瑰宝。

（3）城市特色景观

① 地形与地势

柏林市处于德国东北部的低地平原上，平均海拔约 70 米。沙质地层，湖泊无数，加上施普雷河和运河，柏林的地下水丰富，俨然一座森林城市。

图 4-16　老国家美术馆

② 街道与广场

菩提树下大街[36]是一条著名的林荫大道，西起勃兰登堡门，东至施普雷河中间的博物馆岛和柏林大教堂，是柏林首屈一指的景观长廊，与勃兰登堡门西侧的 6 月 17 日大街一起构成柏林的东西轴线。大街两侧多为大体量的、公共性的新古典主义纪念建筑，如洪堡大学、历史博物馆等，靠近勃兰登堡门的街段是使馆区[37]。整条大街的基调是政治性的、宏大的。

6 月 17 日大街全长约 3.5 千米，是柏林中轴线的西段。大街的中段有大型交通环岛，岛中间矗立着普鲁士胜利纪念柱[38]。它是柏林著名的派对大街，每逢大型活动、体育赛事或庆典，整条大街都属于狂欢者。每个周末，这里还有热闹的跳蚤市场，很受游客和当地人的欢迎[39]。

选帝侯大街[40]是柏林最著名的商业街和形象大道，全长约 3.5 千米。大街绿树成荫，沿街百货商店、豪华酒店、咖啡屋、风味餐馆、剧院、博物馆等比比皆是，全世界最著名的品牌都在此拥有自己的专卖店。

图 4-17　御林广场的法国大教堂　汤众 摄

波茨坦门原是柏林城墙西面的城门之一，冷战时期柏林墙从这里穿过，把城市分为东西两半。两德统一后重建波茨坦广场[41]，延续了原莱比锡广场的八边形围合式布局。它成为柏林的新中心，周围城市景象生动活泼又多姿多彩。

柏林最典型的城市空间形式为由建筑围合形成的封闭或半开敞式庭院，这些带有内院的建筑与街道共同组成了独具特色的柏林式街区[42]。这种空间组合的形式在柏林城尤其是一些重要的历史街区中仍占据较大的比重。当代柏林的新建筑大都或多或少依从这样的空间形式，并在此基础上发展出既契合历史环境又具有新特点的个性鲜明、类型丰富的城市空间形态。

御林广场是一个新古典主义广场，地面铺设着整齐的石板，广场中央矗立着德国著名诗人席勒的白色大理石雕像。广场南北各有一座外形相似的大教堂：北面是带有观景台的法国大教堂（图 4–17），南面是德国大教堂。柏林音乐厅坐落于两座大教堂之间，是柏林交响乐团的驻地。广场周围遍布着许多餐馆、咖啡店、豪华商店和各类精品店，可供游客小憩与放松。

③ 建筑形态

柏林大教堂[43]位于柏林市博物馆岛东端、菩提树大街上，是一座文艺复兴式大教堂，突出的三个大圆顶从视觉上给人一种圆润丰盈的感觉，使教堂内部显得明亮而宽敞，与教堂冷峻的外表形成鲜明对比。

勃兰登堡门（图 4–18、图 4–19）是柏林轴线的中点，由普鲁士国王腓特烈·威廉二世于 1788—1791 年建造，是为了纪念普鲁士在七年战争中取得的胜利。自滑铁卢战役后，它逐渐成为柏林的象征，也是德国国家的标志。冷战时期，它曾经是东西柏林的分界线。在整个德国历史上，勃兰登堡门象征着普鲁士的崛起和德意志帝国从分裂到统一的历史巨变。

德国国会大厦[44]位于柏林市中心，始建于 1884 年，后因失火、战争等多种原因，历经多次修建和重建，因此融合了新古典主义、哥特式、文艺复兴式和巴洛克式等多种建筑风格，是德国统一的象征。20 世纪末修建的以钢为骨架，以玻璃为幕墙的穹形圆顶简洁有力，通体晶莹，体现了当代建筑美学的风格，也成为柏林城的新标志。

作为现代主义建筑发源地，出自创始人格罗皮乌斯之手的包豪斯档案馆[45]是不可错过的重要建筑。档案馆里珍藏着世界上最全的包豪斯学校历史及各个创作领域的作品，其中包括建筑设计、家具、陶瓷、金属、摄影、舞台、预备班作品以及著名教师的创作。

在柏林原民主德国区域，留有带有明显苏联风格的建筑[46]。

战后的柏林在愈合与发展中迎来了建筑行业发展的高潮时期，成为全世界著名的新建筑试验场地，吸引着世界各地著名的建筑师与艺术工作者前来参与设计。柏林市政府表现出足够的开放与宽容，开展了一系列建筑竞赛，吸收世界范围内丰富的建筑设计思想，鼓励建筑创作的多样性，使新建筑在尊重历史环境的前提下能够自由生长。例如，丹尼尔·里伯斯基设计的欧洲最大的犹太人历史博物馆[47]、彼得·艾森曼及布罗·哈普达设计的欧洲被害犹太人纪念碑[48]、威尔福德与舒普建筑事务所设计的英国大使馆[49]、约翰·海杜克设计的住宅[50]等。

图 4-18　勃兰登堡门　汤众 摄

图 4-19　勃兰登堡门前的环保节活动　汤众 摄

4）巴黎——法国

（1）城市整体景观风貌

巴黎（图 4–20），法兰西共和国首都，位于法国北部巴黎盆地中央，横跨塞纳河两岸。巴黎建都已有 1400 多年的历史，是欧洲大陆上规模最大的城市之一，素有“文化艺术之都”“浪漫之都”的美誉。

作为享有盛名的世界大都市，自 19 世纪中期著名的奥斯曼方案到当代萨科齐的大巴黎计划，无处不体现着巴黎城市改造的精神以及巴黎人对城市公共环境品质的珍视。今天巴黎的城市风貌，大部分承自 19 世纪中叶奥斯曼男爵主持的大规模巴黎城市改造的成果，典雅而气派。

（2）城市景观格局

巴黎以卢浮宫为起点，按照顺时针方向，以扇形扩张的形式划分为 20 个区。城市依托塞纳河这一自然环境要素形成公共空间廊道。这条河流自东向西可分为三段：东段（流经第 4、5、12、13 区）主要为城市工业段，中段（流经第 1、6、7、8 区）为旅游商业综合段，西段（流经第 15、16 区）为旅游段。

图 4-20　巴黎整体城市风貌　汤众 摄

图 4-21　塞纳河两岸空间　汤众 摄

尽管在不同分段上塞纳河给人的视觉感受不尽相同，但是几乎每一处都遍布着体现城市公共空间内容的场所、纪念性建筑物与主题公园，体现了巴黎核心空间轴线的连续性。沿线的巴黎圣母院、卢浮宫、协和广场[10]、夏乐宫、荣军院、埃菲尔铁塔等多种文化空间，通过塞纳河的联系，有机形成了巴黎的城市公共空间核心。横跨塞纳河上大大小小的 36 座桥梁，或古典时尚，或浪漫优雅，或厚重端庄，连接了河两岸的空间与生活，将左岸的情调与右岸的风情搅拌在一起，构成了巴黎特有的情怀（图 4–21）。

（3）城市特色景观

① 地形与地势

巴黎市区地形相对平缓，最低点海拔 35 米，最高点在蒙马特，海拔 130 米[51]。塞纳河蜿蜒穿过城市，形成西岱岛和圣路易岛两座河心岛。

② 街道与广场

奥斯曼巴黎改造计划[11]主要包括两个方面：一是沿塞纳河的滨水大轴线、放射性道路的设计；二是韵律统一的街道公共界面的控制。

塞纳河是巴黎城市发展的主导要素。奥斯曼巴黎改造计划中，新建设的里沃利大道坐落于塞纳河右岸，从西边的协和广场一直延伸到东边的巴士底广场，与香榭丽舍大道共同构成了横贯东西的大动脉[52]。同时拆除或改造了一些不适宜的原有街区，建设了开阔的广场与十几条总长约 96 千米的放射状道路，形成了开敞的空间界面和通畅的交通体系。

图 4-22　巴黎连续的街道界面　汤众 摄

奥斯曼巴黎改造计划中的街道界面连续性理念来源于 19 世纪新古典主义原则（图 4–22）。奥斯曼的城市改造工程虽然在空间格局上动作很大，但在具体城市细节的处理上，仍努力协调功能与审美标准之间的关系，始终强调街景在人们视线中的连续性，因此规范了主要街区两旁住宅的建筑风格、高度与墙面装饰，呈现出气派与庄重，使巴黎的街道具有独特的典雅气氛[53]。

巴黎中古时期的城市中轴线以卢浮宫为起点，笔直向西，经过杜乐丽花园、协和广场、香榭丽舍大道到达凯旋门。凯旋门位于戴高乐广场中央，是香榭丽舍大道的对景建筑，高 50 米。以凯旋门为中心，向外放射出 12 条道路；沿着这些道路，从极远处都可遥望凯旋门[54]。20 世纪 60 年代后，中轴线继续向西延伸到拉德方斯商务区，其核心是拉德方斯区新凯旋门（图 4–23），巴黎都市区大多数的摩天大楼都坐落于这个区域[55]。

巴黎香榭丽舍大道[56]东起协和广场，西至戴高乐广场，全长 1800 米，东段

图 4-23　拉德方斯区新凯旋门　汤众 摄

以园林绿化景观为主，两侧是平坦的草坪，恬静安宁，西段是高级商业区，雍容华贵。每年 7 月 14 日法国国庆大阅兵都是在这条大道上举行的。

塞纳河左岸（即塞纳河南岸）包括圣日耳曼大街、蒙巴纳斯大街和圣米歇尔大街，一个集中了大学、博物馆、美术馆、画廊、书店、咖啡馆的文化圣地，是文化人士重要的聚会场所[57]。

拉·维莱特公园[12]位于巴黎东北部，原址是一块由铁路、公路、城市运河[58]和城市住区所界定的老工业用地。建筑师伯纳德·屈米在设计中跳出传统的设计思维，采用解构主义手法，从法国传统园林中提取出点、线、面三个体系，并进一步演变成直线和曲线的形式，叠加成拉·维莱特公园的布局结构[59-60]。点、线、面三种要素相互之间毫无联系，各自可以单独成一系统，其中线性体系构成了全园的交通骨架。这种设计方法有效地处理了整个错综复杂的地段，使设计方案具有很强的伸缩性和可塑性。

③ 建筑形态

巴黎以其精美的古典建筑和优美的城市公共空间闻名于世。同时，作为国际性大都市，巴黎又是建筑大师施展才华的最佳实验场所，城市中先后融进了蓬皮杜文化中心、阿拉伯研究中心、拉·维莱特音乐城和大卢浮宫金字塔等极富个性的现代建筑。

图 4-24　巴黎歌剧院　汤众 摄

巴黎圣母院[61]位于塞纳河畔、巴黎市中心的西堤岛上，约建造于 1163—1250 年间，正面双塔高 69 米，是法兰西岛哥特式教堂中具有代表意义的一座，也是世界上第一座完全意义上的哥特式教堂[13]。

凡尔赛宫[62]位于巴黎西南郊外，1682—1789 年为法国的王宫和政治中心[14]。凡尔赛宫不同的立面呈现出截然不同的风格：作为正面入口的东立面，采用典型的文艺复兴时期法式官邸风格，其余三个立面则为典型的新古典主义风格。内部装潢以巴洛克风格为主，少数厅堂为洛可可风格。

卢浮宫[63]居世界三大博物馆之首，始建于 12 世纪初，法国古典主义风格。1989 年，为纪念法国大革命 200 周年，卢浮宫进行扩建改造。著名华裔建筑大师贝聿铭设计了玻璃金字塔作为卢浮宫入口，尽管曾备受争议，但玻璃金字塔现已成为卢浮宫前最美的景点和巴黎的地标之一。

巴黎歌剧院（图 4–24）是法国上流社会欣赏歌剧的场所，不管建筑外表还是内部装饰都极尽华丽之能事，剧院立面为巴洛克建筑风格，并掺进了繁复的雕饰。整座歌剧院是折中主义建筑的代表作，也是法兰西第二帝国的重要纪念物。

埃菲尔铁塔[64]是 1889 年为纪念法国大革命 100 周年和举办万国博览会而建造的。全塔高 320 米，由超过 18000 个钢铁构件组成。塔楼分三层，一、二楼有餐厅、咖啡座，三楼是眺望台，在晴朗的日子里可眺望 70 千米以外的巴黎近郊地区。埃菲尔铁塔作为当时席卷世界的工业革命的象征，代表着当时欧洲正处于古典主义传统向现代主义过渡与转换的特定时期。这座技术和艺术混合的工艺设计建筑，成为巴黎的象征性地标。

蓬皮杜国家艺术和文化中心[65]坐落于法国首都巴黎拉丁区北侧、塞纳河右岸的博堡大街，是一座现代艺术博物馆。这座现代化的建筑外观极像一座工厂，故又有“炼油厂”“文化工厂”之称。

2 综合性国际大都市

综合性国际大都市是指具有卓越的政治、经济、文化实力，且和大多数国家发生政治、经济、科技和文化交流关系，有着全球性影响的国际一流都市。

1）伦敦——英国

（1）城市整体景观风貌

伦敦（图 4–25）位于英格兰东南部，跨泰晤士河下游两岸。伦敦是大不列颠及北爱尔兰联合王国首都，更是一座世界之城，其独特性在于传统与现代的交融。开放、包容、可持续的城市环境为国际多元文化共生提供了良好的物质空间条件，新与旧的碰撞，技术与艺术的有机结合，为城市带来生机与活力。

伦敦人认为城市的历史性环境是一种资产而不是城市发展的绊脚石，通过一系列城市更新方式形成了伦敦古老区域的重生与延续、新旧建筑和谐共存的独特城市景观。

图 4-25　伦敦新旧建筑共存的城市景观　汤众 摄

（2）城市景观格局

泰晤士河（图 4–26）从伦敦市区穿流而过，是伦敦城市景观的重要组成部分。以泰晤士河为中轴，伦敦城区两岸区域被划分为风格有别、主题各异的 5 个文化景观保护开发区段：历史古城保护区、宗教与历史建筑保护区、南岸近代建筑文化区、科技文化功能区和码头现代滨水景观开发区。各个文化景观区段都有特色鲜明的标志性公共空间或景观节点，通过泰晤士河滨水空间这一组带连接起来，形成完整的公共空间与景观系统。

（3）城市特色景观

①地形与地势

伦敦位于英格兰东南部平原，地形平坦，地势较低，平均海拔为 24 米[66]。泰晤士河流经伦敦，将城市划分为南北两部分。

②街道与广场

伦敦中心区基本延续传统的城市空间形态，街道网络密集交错，大部分建筑为中低层，少量高层建筑集中在城市的中心区域。城市街道大多由建筑的入口立面界定，人行道宽敞，尺度宜人适合步行，大尺度的机动行道很少（图 4–27）。

图 4-26　泰晤士河滨水空间　汤众 摄

图 4-27　伦敦城市街道景观　汤众 摄

伦敦市中心区的泰晤士河两岸形成总长约 4.8 千米的公共岸线，将滨水步行道、滨水广场、公园、建筑骑廊、步行桥和游轮码头等多种空间形态连为一体，串联起沿岸若干重要的历史、文化、市政建筑，如圣保罗大教堂、伦敦塔[67]、议会大厦、伦敦新市政厅广场[68]、泰特艺术馆与莎士比亚环球剧场等，形成一个系统完整的滨水步行与游憩系统。

伦敦拥有许多免费开放的公园，散布在城市不同区域。位于市中心的海德公园是伦敦的绿肺，宽阔的草地是人们户外活动的好去处。公园里的戴安娜王妃纪念泉[69]是一个嵌在地表上的环形浅水池，可供儿童戏水，整个设计平和、典雅、开放。

离纪念泉不远的蛇形画廊[70]，每年夏季都会邀请一名国际知名建筑师在画廊前的空地上设计建造一座提供休息、交流和展示功能的临时性建筑，向人们展示现代建筑艺术，给城市生活注入新鲜活力。

特拉法加广场[71]是伦敦最大的铺装广场，也被称为鸽子广场，广场南端是高 53 米的纳尔逊纪念柱[15]。200 多年来这里一直是伦敦乃至全英国人聚集庆祝圣诞节及其他重要节日的场所，各种重大集会、公益活动、公共艺术展示也会在这里举行，是城市社会文化生活的中心和舞台。

图 4-28　伦敦眼与大本钟隔河相望　汤众 摄

伦敦的城市广场除了硬质铺地外，更多是花园般的绿化广场[72]，隔几个街区就设有一个，为周边工作、居住的人们提供方便宜人的户外休憩、聚会交流的场所，成为伦敦城市空间的一大特色。

③ 建筑形态

通过对沿岸新建建筑的选址和建设高度进行精细控制，伦敦形成了协调的片区风貌、良好的沿岸城市天际线及适宜的空间尺度。各种新老建筑风格和谐交融，既维护了圣保罗大教堂、伦敦塔和议会大厦等重要历史建筑区域的领空意向，同时在局部区域也出现了超高层标志性建筑的集聚，在总体水平舒展的城市天际线中形成戏剧性的竖向对比效果，如泰晤士河北岸的金融城区域及南岸的碎片大厦区域[73-74]。

伦敦眼与大本钟隔泰晤士河相望（图 4–28），这座高约 135 米的千禧摩天轮与庄重的哥特式建筑形成强烈对比，并为公众提供了一个俯瞰城市的方式，也成为城市庆典活动的背景。

千禧桥以伦敦标志性建筑圣保罗大教堂为底景[75]，以“高技派”的建筑形象为泰晤士河两岸提供了一个重要的步行通道。

毗邻伦敦桥塔的伦敦新市政厅[76]，形如斜置蛋壳，内部盘旋而上的坡道将参观者引至顶部观景平台，同时可看到内部正在进行的市政会议。

位于泰晤士河南岸伦敦桥西南的碎片大厦[77]（也称摘星塔），高 309.6 米，是欧洲第二高建筑物。大厦整体形态下宽上窄，最后顶部塔尖渐渐消失在空中，犹如 16 世纪的小尖塔或高桅横帆船的桅杆。精密复杂的玻璃幕墙由成角度的窗玻璃组成，同时反射光线，让建筑形象根据天气和季节的不同而发生改变。

梦想桥[78]位于伦敦繁华地带考文特花园，横跨狭窄街道，用于连接伦敦皇家芭蕾学院顶层的新排演厅和皇家歌剧院的候演厅。整座桥体态轻盈，呈扭曲的箱体形状，具有舞蹈动感。它以精巧的构造和富有时代感和冲击力的外观成为古老街区的亮点。

④ 日常活动

伦敦不仅是英国的政治中心，还是许多国际组织总部所在地，也是全球重要的传媒中心。同时，伦敦是世界文化名城，拥有数十家剧院，主要集中在西区[79]，还有众多大大小小的博物馆、画廊、艺术馆（图 4–29）。

⑤ 节庆活动

英国女王伊丽莎白二世的生日是 4 月 21 日，但她官方的生日定在每年 6 月的第一个或第二个周六。在这一天，英国人民为女王生日举行庆祝活动，表达对女王的敬爱之情，女王则会亲自检阅军旗敬礼分列式（图 4–30）。

图 4-29　泰特艺术馆　汤众 摄

图 4-30　女王生日庆祝活动

2）纽约——美国

（1）城市整体景观风貌

纽约（图 4–31）位于纽约州东南部，是美国金融经济中心，全球重要航运交通枢纽[16]。20 世纪初，纽约超越伦敦成为世界上最繁华的国际大都市，其最突出的城市景观是高楼林立。同时，城市由大面积水体和岛屿组成，河流遍布，水资源丰富，长达 402.3 千米的水岸也是纽约城市风景中重要的组成部分。

纽约如同一个包容万象的博物馆，传统与现代、富有与贫穷、时尚与守旧、整洁与肮脏，交织共存，并行不悖，形成纽约兼容并蓄的城市特质和丰富多样的景观风貌。

图 4-31　纽约大面积的水体和岛屿组成的城市格局　汤众 摄

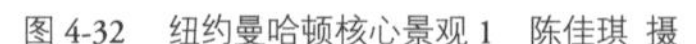

图 4-32 纽约曼哈顿核心景观 1 陈佳琪 摄

图 4-33 纽约曼哈顿核心景观 2 汤众 摄

（2）城市景观格局

纽约由曼哈顿、布鲁克林、布朗克斯、皇后和斯塔滕岛五个区组成。其中，曼哈顿岛虽然面积最小，却是纽约的核心（图 4–32、图 4–33）。岛内摩天大楼林立，从高空俯视，一栋栋高楼大厦像一块块积木错落有致地组合在棋盘上，中央公园则像一块大大的翡翠镶嵌其中，为纽约市提供了标志性的城市景观。

（3）城市特色景观

① 地形与地势

纽约市位于大西洋沿岸的平原上，整体地形较为平坦，平均海拔 10 米，城市天际线主要由高低起伏的建筑物构成[80]。

② 街道与广场

曼哈顿岛是纽约市中心，形态狭长，整体为方格网式的街道格局，中央公园镶嵌其中。

中央公园[81-85]是美国历史上修建的第一个真正意义上的大型城市公园。中央公园地处曼哈顿岛核心区域，占地 340 万平方米，公园整体呈狭长矩形。

中央公园的林荫道形成向各种角度放射的轴线，其间运用各种自然元素的组织引导游人视线转换，使人在被各种起伏的地形和园林景观吸引的同时忽略城市噪声的影响。公园虽然边界规整，但其中充满了自然野趣。

第五大道[86]位于中央公园东侧，是一条南北向干道。沿街聚集了帝国大厦、纽约公共图书馆、洛克菲勒中心、大都会艺术博物馆等著名的建筑，以及众多知名奢侈品牌商铺而成为高级购物街区，因此被称为“梦之街”。

时代广场[87]位于曼哈顿中城北区，百老汇大街、第七大道和西 46 街交叉的一块三角地区域，是纽约最为繁华的一块街区，被称为“世界的十字路口”。时代广场上最著名的风景就是时代大厦外的巨幅电子广告牌，每天不间断播放各类广告短片，还有半圆柱形的 NASDAQ 巨幅广告，为时代广场带来了强烈的商业金融气息。

百老汇大街[88]由南向北纵贯曼哈顿。其特殊之处在于道路两旁分布着数量众多的剧院，是美国戏剧和音乐剧的重要发源地。

华尔街[89]位于曼哈顿南部，长约 540 米，街道集中了 2900 多家金融和外贸机构。著名的纽约证券交易所和美国证券交易所都设在这条街上，被视为美国金融帝国的象征。

布鲁克林大桥[90-91]横跨纽约州东河，两边连接布鲁克林和曼哈顿。大桥全长 1834 米，是世界上首次以钢材建设的悬索桥。桥上的高塔和铁索是东河河岸上标志性的风景。

高线公园[92]位于曼哈顿以西第四街区。高线原本是一条高架货运铁路，离地约 9 米，在闲置近 20 多年后被改造成为曼哈顿城西的线性空中花园。内部主要由混凝土地面和多样的绿化景观带组成，局部保存原有的铁轨并将其作为景观节点组织利用，使得各个时期的历史元素自然地交织穿插于公园各处，在高密度现代城市中营造出一片生机勃勃的绿洲氛围。

洛克菲勒中心广场[93]位于洛克菲勒大楼一侧，由地面广场与下沉空间共同组成。地面广场中竖立有希腊火神普罗米修斯雕像和各国国旗，下沉空间则设有露天酒吧和咖啡馆。在冬季，下沉空间还可以转变为溜冰场使用。下沉空间与第五大道之间建造了一系列带状的街心小花园，包括水池、公共休息座椅等，成为游人及周边办公人员舒适的休闲之处。

③ 建筑形态

纽约是世界最著名的摩天大楼之城。自 20 世纪初，纽约开始推行区划制度，通过限制建筑高度、降低建筑密度以及控制建筑功能来改善城市快速无序发展的状况。在区划制度的影响下，曼哈顿城中心所建造的高层建筑普遍呈现出台阶式跌落的形态，成为纽约独特的建筑形式。

帝国大厦（图 4–34）位于曼哈顿第五大道，是美国纽约地标性建筑。帝国大厦总高度为 443.7 米，外观从底部开始向上退台，为装饰艺术风格。帝国大厦一共 102 层，其中 86 层和 102 层均为观景台，再往上是高 62 米的塔尖[94]。位于 86 层的观景台是纽约市最高的露天观景台，整个观景台环绕大厦的顶部一周，游客可以 360° 环绕俯瞰纽约市，既可以清晰地看到中央公园、布鲁克林大桥和自由女神像等大型的地标，也可以通过高性能的双筒望远镜看到更多的城市细节。

图 4-34　帝国大厦全景

图 4-35　大都会艺术博物馆　汤众 摄

自由女神像[95]是新古典主义雕塑，雕刻的是被劫的罗马自由女神 Libertas。雕像右手高举火炬，左手捧着《独立宣言》。雕像是法国人民送给美国人民的礼物，矗立于美国纽约港的自由岛上。在纽约港的航线附近，进出港口的旅客可以远距离观赏到这座巨大的雕像[96]。

归零地[97]是美国世贸中心废墟的别称。2001 年 9 月 11 日，纽约世贸中心在恐怖袭击中轰然倒塌。“9·11”事件后，世贸大厦没有选择遗址重建，而是保留了遗址空间形成广场和寓意“反思”的水池，并建造了新的摩天大楼以及一座受害者纪念馆。在归零地最引人注目的还有新建的自由塔，因建筑顶端的尖顶塔部设计与自由女神像的火炬相似而得名。

联合国总部大楼[98]位于纽约东河河滨，占据 6 个街区，被称为“国际领地”。秘书处大楼是早期板式高层建筑之一，也是最早采用玻璃幕墙的建筑。前后立面采用铝合金框格的暗绿色吸热玻璃幕墙，两端山墙则用白色大理石贴面。大楼体形简洁，色彩明快，质感对比强烈。大楼前的旗杆上悬挂着 193 个联合国成员国国旗，主旗杆上是蓝底白色的联合国旗帜。

大都会艺术博物馆（图 4–35）位于第五大道与 82 街交界处，占地 8 万平方米，体量巨大。因为经历了多次的扩建，建筑呈现出多样的风格。内部展览大厅共有 3 层，包含了数量庞大的各类展品。

古根海姆博物馆[99]位于第五大道与 89 街交界处的接口，是世界上最著名的私人现代艺术博物馆。设计师赖特将其外观赋予连续曲线的螺旋造型，颠覆了传统的博物馆建筑风格，建筑自身仿佛就是一座城市中的巨大雕塑。

④节庆活动

圣·帕特里克大游行[100]是纽约最大、最古老的游行活动。由纽约大主教主持，每年 3 月 17 日上午 11 点在“战斗的爱尔兰人”165 步兵团的带领下开始出发游行，旨在宣扬爱尔兰文化和天主教信仰。

每年 5 月舰队周[101]期间，美国海军军舰会停泊在纽约港口，空中救援队也会出现，士兵们穿着正式的白色水兵服进行各种表演。

3）上海——中国

（1）城市整体景观风貌

上海（图 4–36）地处华东长江入海口，是中国国际经济、金融、贸易、航运、科技创新中心，现代化国际大都市。上海作为中国对外交流的重要窗口，海纳百川，不仅吸收了江南地区传统的吴越文化，也大量吸收了南北各地移民带来的多样文化，更融合了开埠后西方各国带来的近现代文化，中西合璧，形成了特有的海派文化和城市景观。

（2）城市景观格局

根据城市建设发展的时间轴，上海城区可划分为老城厢、旧租界和以浦东为代表的新区三个部分。

老城厢是上海历史的发祥地，由原来的上海县城和当时城外比较繁华的地区组成，至今还保留了不少上海开埠前的名胜古迹，正在努力保护依稀尚存的明清江南古城和民国初年民族工商业兴盛时的历史风貌[102-103]。

上海开埠后，西方列强纷纷开设租界，最终形成了公共租界、法租界和华界三分天下的格局。在租界中，采取西方国家的城市模式，规划城市的发展和建设。至今原租界范围内还保留着西方城市格局和大量的西洋风格建筑，形成异国情调的城市景观（图 4–37—图 4–40）。原法租界内建筑风格相对统一，公共租界则有英、德、美、日等多种风格。

民国后期，上海曾希望以租界区东北方江湾五角场为中心建设一个能与租界抗衡的新上海，其放射状道路网格和几座先期建造的中国复古风格建筑至今还有留存[104-106]。

改革开放后，上海城市建设进入一个高速发展的新时期，先后在虹桥、徐汇建设新商务区，又大幅度更新改造包括原老城厢、租界和五角场在内的旧区，另建设高架道路改善市区交通，形成现代化城市景观[107]。

1990 年后以开发浦东为起点的新一轮建设，陆家嘴商业区逐渐聚集了世界上最密集的超高层建筑群，构成了上海新的天际线，成为上海作为国际大都市的象征[108]。

图 4-36　黄浦江两岸

图 4-37　跑马场大楼

图 4-38　百乐门舞厅

图 4-39　法国总会

图 4-40　孙科别墅

（3）城市特色景观

① 地形与地势

上海地处江南水乡，长江入海口，全境为冲积平原，平均海拔 4 米，地势平坦。城市中心区并不滨海，大陆东侧的沿海及岛屿尚有大片湿地和滩涂，是候鸟重要的栖息地和重要的生态屏障，也是城市重要的自然景观（图 4–41）。

苏州河是黄浦江支流吴淞江上海段的俗称。苏州河沿岸是上海最初形成发展的中心，催生了几乎大半个古代上海，后又用百余年时间成为搭建国际大都市上海的水域框架。

苏州河上的外白渡桥等老桥和沿岸如上海大厦[109]、上海邮政博物馆[110]等早已成为上海经典城市景观[111]。近年经过大力整治，苏州河沿岸正形成自然与人工结合的新景观。

② 街道与广场

上海老城厢曾经是以传统江南地域文化为风貌特色的地区，区内道路交错密布，巷弄蜿蜒曲折，街巷景观多变，建筑类型众多[112–114]。

租界区在其发展过程中形成了具有鲜明殖民性、混合性、近代性的租界文化和城市景观，其中外滩最为典型。

图 4-41　东滩湿地

早期的外滩是上海十里洋场的真实写照，现在的外滩沿江结合防汛墙和停车库建有滨江观光带，成为具有代表性的城市景观[115-116]。近年来又将沿江景观超越原租界分别向外滩南北两个方向延伸，形成新的滨江景观[117-118]。

南京路是上海开埠后最早建立的一条商业街。它东起外滩，西迄延安西路，以西藏中路为界分为东西两段。南京东路[119]作为“中华第一商业大街”的步行街，早年已享誉全国，如今依然是热闹、繁华的商业大街。南京西路[120]（包括静安寺地区）则是中国商铺租金最高，也是全上海最奢华的时尚商业街区，以奢侈品和高端个性消费为主。南京路上还有一个世纪广场[121]，正中间有一座舞台，可举办演出、商品展示等大型活动。

里弄是近代上海城市最常见的生活空间，也是近代上海地方文化最重要的组成部分。由外部林荫大道[122]入主弄，再转入支弄进入门户[123]，呈现出由城市道路空间依次过渡到建筑室内私密空间的有序空间组织。

上海的里弄及石库门民居既不同于传统的中国江南民居，也不同于任何一种西方的建筑形式，代表近代上海城市文化的特征，也是近代上海历史最直接的产物。近代不少重要历史事件和名人都与里弄有关，如中共早期代表大会召开地就在里弄，毛泽东、鲁迅也曾居住于此[124]。

中共一大会址附近的新天地就是一个以里弄为基础的改造地产项目[125]。新天地利用里弄洋房这一富有上海建筑特色的元素，一方面予以保留，另一方面融入新的建筑主题意念，营造了新的城市景观。

作为改革开放的象征和上海现代化建设的缩影，浦东新区成为一座功能集聚、要素齐全、设施先进的现代化新城[126]。上海建设国际金融中心、国际航运中心、国际贸易中心的核心要素都聚集于此。浦东的主要街道与广场尺度巨大，需要以车代步才能领略其风采（图 4–42）。

③ 建筑形态

上海保留下来的古代建筑，基本是以明清建筑为主，大部分为民居和私家园林。民居大多为江南风格，砖木立贴式平房。至今，园林保存较为完整的应属豫园，而古代居民区保存较为完整的有闵行七宝镇、青浦朱家角镇[127]。

图 4-42　黄浦江夜景　汤众 摄

豫园 [128] 坐落于黄浦区，北靠福佑路，东临安仁街，西南有城隍庙、豫园商城，建于明朝，其建筑形态是典型的江南苏式园林亭台楼阁。

城隍庙 [129] 是上海最主要的道教正一派道观，上海市文物保护单位，毗连豫园。城隍庙始建于明永乐元年（1403 年），由霍光行祠改建而成。为与其明清样式相协调，周围新建的豫园商城也都是仿明清风格的建筑形态。

上海开埠后，随着租界的建立和欧美文化的大举进入，形成了独特的海派文化。西式别墅和洋房成为潮流，各种不同风格的建筑逐渐矗立在上海市区，因此上海也被誉为“万国建筑博览会”，其中外滩的金融建筑尤为出名。例如，折中主义风格的江海关大楼，新古典主义风格的原汇丰银行上海分行大楼，采用美国装饰艺术运动摩天大楼风格的沙逊大厦和希望体现传统中国元素的中国银行原总行大楼等。上海外滩的历史建筑群，正是海派文化的真实写照 [130]。

国际饭店 [131] 是上海年代最久的饭店之一，20 世纪 30 年代有“远东第一高楼”之称，也是上海城市平面坐标系原点所在地。饭店地处繁华的南京西路，对面是风景如画的人民公园，其外观是当时美国摩天楼的翻版。国际饭店见证了过去近百年上海的许多重要历史事件。

进入 90 年代后，上海开始广泛进行城市建筑和基础设施改造，新建了大量商务办公楼、大型商场、高层住宅等现代风格建筑，尤以浦东陆家嘴商务中心 [132] 为代表，东方明珠电视塔、金茂大厦、上海环球金融中心等已成为上海地标，2014 年底完工的 632 米高的上海中心大厦成为上海最高的建筑。

4）东京——日本

（1）城市整体景观风貌

东京，日本首都，位于日本关东平原中部，由 23 个特别区、多摩地区以及一些位于太平洋上由东京都管辖的岛屿组成。其中，千代田区、中央区、港区、新宿区、文京区和台东区位于东京都中心区域，被称为东京都心或都心六区（图 4–43—图 4–45）。

东京是日本政治、经济、文化、教育中心，也是重要的交通枢纽。第二次世界大战后，东京不仅成为世界商业金融、流行文化与时尚重镇，也成为世界经济发展度与富裕程度最高的都市之一。

（2）城市景观格局

东京为多中心城市结构，千代田区、中央区和港区是最核心的都心三区，也是东京的中央商务区，区内聚集了国会、国家各个职能部门、大使馆和大型

图 4-43　六本木望港区　汤众 摄

图 4-44　六本木望富士山　汤众 摄

图 4-45　六本木望涩谷　汤众 摄

图 4-46　麻布十番　汤众 摄

企业总部，呈现出现代化大都市的样貌。东京还有 7 个副都心，有效地缓解了都心区的商务聚集情况，成为新的具有强大复合功能的区域。

东京城区是由大量小尺度的地块拼贴而成，没有明显的空间序列，也没有特殊的天际线规划。城市中的高层建筑集中于大型的轨道站点周边（图 4–46），如新宿、涩谷、汐留等区域，其余区域大都保留低矮、平缓和小尺度的城市肌理。

（3）城市特色景观

①地形与地势

东京 23 区地势平坦开阔，有利于城市建设，但由于整体建设面积有限，形成了高密度的空间形态（图 4–47）。

②街道与广场

东京的街道以皇居为中心向外辐射，大部分空间为小尺度的不规则格网结构。市区多为小型街区，道路长度较短，且蜿蜒曲折，较为复杂。城市主要干道上充满现代都市的繁华和嘈杂，而更多的曲折小路上则呈现出静谧舒适的生活气息[133-135]。

图 4-47　广罗花园山公寓群　汤众 摄

千代田区是 23 区的中心，也是日本名副其实的中心。日本天皇就居住在这个区域，同时还有日本国会、法院和大部分的中央行政单位，因此可以说千代田区是东京的政治中枢。另外，日本著名的电器街秋叶原[136]也在这个区内。

银座（图 4–48）是东京最奢华的商业区，位于中央区西部，包括 8 个街区，由银座大道连接贯通，称为“银座八町”。其中四丁目的十字路是整个银座街区最繁华的地段。银座两侧人行道较为宽阔，主要道路在周末会被封闭作为人行步道。银座也是一条艺术氛围十分浓厚的街道，在这里遍布画廊，商业和艺术契合度较高。

港区[137-138]位于东京东南方，紧邻东京湾，是都心三区之一。在这个区域内云集了诸多外国大使馆，各种外国文化氛围和气息都十分浓厚。日本最重要的地标之一东京铁塔位于此区，同时还有著名的六本木新城和汐留。

六本木新城[139]（也称六本木之丘）是一座集办公、住宅、商业设施、文化设施、酒店、豪华影院和广播中心为一体的建筑综合体。六本木新城以“城市

图 4-48　银座街景　汤众 摄

中的城市”为建设目标，将各类开放空间、街道、公共设施以及建筑结合，形成全新的超大型复合空间。

六本木区有一个著名的艺术三角——21_21 Design Sight[140]，附近艺术与设计机构林立，包括三得利美术馆、国立新美术馆和森美术馆等。21_21 Design Sight 由著名建筑师安藤忠雄设计，将三宅一生品牌“一块布”的理念融入建筑设计，采用了倒三角形建筑外观，屋顶一角直接落地，形成了简洁现代的建筑形态。

新宿区[141]位于东京都心区以西，距离银座约 8 千米，是东京市区仅次于银座的繁华街区，著名的副都心。这个区域超高层建筑密集，有世界最繁忙的新宿车站，交通网络虽然复杂却非常方便。以新宿车站为核心，周边发展出多样的商业设施，整个区域热闹非凡，充满活力。世界知名的歌舞伎町也在这个区域内。

另外，该区域内的新宿御苑是东京最大的日式庭院和法式庭院相结合的公园，公园四季景色各异，尤其樱花季是最佳的赏樱之地。

涩谷区[142]是著名的商业街区，东京年轻人聚集于此。涩谷 109 是区域中的地标性建筑，位于全球知名的全绿灯十字路口，经常出现于各大媒体中。宽阔的十字路口有 5 条人行横道，交通繁忙却又十分有序。

涩谷区还有一条非常著名的商业街道——表参道[143]。它是 1920 年明治神宫创建时正面的参道，现已逐步发展为东京的时尚聚集地。表参道长约 1 千米，是一条种植有榉树的林荫道，享有“东方香榭丽舍大道”的美称。

作为东京著名的购物胜地，表参道最有魅力的地方在于汇集了各大知名建筑师事务所设计的世界知名品牌的旗舰店，如由伊东丰雄设计的 TOD’s 旗舰店、妹岛和世设计的 Dior 旗舰店、赫尔佐格 & 德梅隆设计的 Prada 旗舰店、青木淳设计的 LV 旗舰店等，都是特色鲜明、风格迥异的建筑[144-145]。

浅草[146]是位于台东区浅草寺前的热闹街区，曾经是剧场和杂技团的浅草六区保留着浓郁的江户时代风情。浅草寺[147]是东京都内最古老的寺庙，内有浅草寺内堂、五重塔等著名的建筑物和历史遗迹。

③ 建筑形态

东京的建筑风格多样，既有日本传统的建筑形态，也有丰富多样的现代形态，东京街道上建筑元素的多样性使得东京成为现代建筑的博物馆。在狭窄的用地上，建筑师们以其丰富的想象力创造出多元的个性空间。

日本皇宫 148-149 位于东京中心地带千代田区，是日本天皇的起居之地。皇宫由德川幕府第一代将军德川家康修建而成，是一座典型的日本传统建筑。皇宫由天皇居所的吹上御所、皇居东御苑以及宫内厅组成。中心的长和殿是天皇接受群众朝贺的地方，建筑顶部为绿色瓦顶，由茶褐色铜柱支撑，外围墙壁为白色。宫内还有花阴亭、观瀑亭、霜锦亭、茶室、皇灵殿、宝殿、神殿、旧御府图书馆等建筑。

东京塔（图 4–49）位于日本东京港区东芝公园，是东京著名的地标建筑。建筑外形仿照巴黎埃菲尔铁塔，高 332.6 米，是世界上最高的自立式铁塔。东京塔的塔身由塔基底四个分叉的脚墩支撑，整体为棱锥体形态。由于航空交通管制规定而将塔身颜色设置为红白相间的色彩。东京塔 250 米高处设有瞭望台，四周是向外倾斜的落地玻璃窗，可俯瞰整个东京的美景。

图 4-49　东京塔　汤众 摄

图 4-50　东京晴空塔　汤众 摄

东京晴空塔（图 4–50）（也称东京天空树）位于东京都墨田区，因其高度为 634 米而被吉尼斯世界纪录认证为世界最高的塔式建筑，也是世界第二高的人工构筑物[17]。晴空塔整体形态为下宽上窄、逐渐收缩的圆柱形，塔身分别在 350 米和 450 米处各设置有一处观景台。450 米处的观景台是著名的天望回廊，以环状形式围绕晴空塔，全长 110 米，可从各个角度观赏东京市区景观。

东京都厅[150]是东京都政府总部所在地，由建筑师丹下健三设计。建筑形式虽然较为现代，但其形态参考了古典建筑三段式的立面分割比例，呈现出一种古典的美感。厅舍楼高 243 米，共 48 层，其中第 45 层为对外开放的瞭望台，可眺望东京全景。

中银胶囊塔[151]位于银座，是著名建筑师黑川纪章设计的一座特殊的住宅建筑，日本新陈代谢派的代表作。胶囊大厦是现代建筑史上第一座以胶囊建筑模块建造的建筑，由两座相连的建筑构成，一共有 140 个建筑模块，每个单元都被设计成可单独更换的舱体。每个舱体都是一个完整的居住单元，内部基本家电齐全，包含足够的存储空间和卫生间。由于成本问题，该建筑并未实现最初的舱体更替设想，其特殊的外观特征成为城市中略显怪异的风景。由于年久失修，该建筑终于在 2022 年 4 月 12 日开始被拆除，但一些胶囊将被保留下来。

代代木国立综合体育馆[152]由日本建筑师丹下健三设计，为其结构主义表现时期的巅峰作品。该体育馆是为 1964 年第 18 届奥林匹克运动会而兴建的综合竞技场，内部空间包含一个游泳馆和一个篮球馆。两个场馆顶部采用悬索和薄壳结构，由桅杆柱支撑，相互交错呈现出贝壳状的外观。整体形态优美流畅，兼具结构与美感的双重表现力。

④节庆活动

每年的 3 月 15 日至 4 月 15 日是日本的樱花节[153]。自江户时代以来，日本普通民众就有在樱花树下野餐的习俗，每到这个时候，日本人会全家出动或邀请朋友，准备好各类食物和野餐垫，边赏樱边游乐，充分享受节日的欢乐氛围和樱花盛放的浪漫时节。东京比较有名的赏樱处有上野公园、鸟渊、隅田川、代代木公园、新宿御园等。

每年的 5 月 5 日是东京大国魂神社特有的节日——黑暗祭[154]。所谓黑暗祭，就是在黑暗中进行山车表演、神轿出行等活动。

神田祭[155]与山王祭、深川八幡祭并称为“江户三大祭”，每年距 5 月 15 日最近的周六和周日举行。活动开始时，100 多座神舆和由 300 人组成的抬轿队在街上游行。

东京三社祭[156]是东京浅草神社的例行大祭，每年 5 月中旬的星期六和星期天举行。人们抬着 100 多座神舆在神社周边的 44 个町游行，从天亮开始一直到深夜。

3 娱乐消费城市

娱乐消费城市是指主要以旅游、度假、购物而闻名的城市。这类城市有着最丰富的商业设施和最繁华的商业气息。在各项服务设施上通常都有较为完善的配套，由于其娱乐消费的性质，使得城市不仅拥有现代繁华的城市日景，更有璀璨耀眼如幻境般的城市夜景。

1）拉斯维加斯——美国

（1）城市整体景观风貌

拉斯维加斯（图 4-51）是一座崛起于沙漠的城市，也是美国内华达州最大的城市。拉斯维加斯是世界四大赌城之一，也是一座以赌博业为中心的旅游、购物、度假城市，拥有“世界娱乐之都”和“结婚之都”的称号。

图 4-51　拉斯维加斯鸟瞰

拉斯维加斯的发展缘起于 1905 年前后内华达州发现金矿后大量淘金者的涌入，而真正的崛起是在它成为一个赌城之后。博彩业不仅是其主要的经济支柱，而且深刻地影响了城市景观，城市中的人工景观和霓虹幻境是最令人印象深刻的城市意象。

（2）城市景观格局

拉斯维加斯的整体格局为方正的格网结构，拉斯维加斯大道和弗利芒特大街十字相交，贯通城市的四个方向[157-158]。赌场集中于拉斯维加斯大道两侧，该区域是城市商业娱乐最核心的部分，汇集了整个城市中绝大多数的大尺度现代建筑群。弗利芒特大街沿线是市中心地带，其他地区多为低密度住宅区。因为地处荒漠，城市中的绿色植被多为耐旱低矮的沙漠植物。

拉斯维加斯一个重要的城市景观来自夜间各大酒店、赌场等娱乐场所的霓虹灯招牌。因为经营需要，市区内除了住宅之外的各种娱乐业、商业，乃至公共事业机构的建筑上都挂有闪亮耀眼的霓虹灯招牌，这些招牌可以称作拉斯维加斯夜间的天际线。

（3）城市特色景观

① 地形与地势

拉斯维加斯地处内华达沙漠边缘，周围环绕着海拔 1000 ~ 3000 米的高山，是被荒凉的石漠和戈壁地带包围的唯一有泉水的山谷地。城市外围的沙漠景观是从公路进入拉斯维加斯的第一印象（图 4–52）。

图 4-52　拉斯维加斯外围的沙漠景观　汤众 摄

图 4-53　拉斯维加斯低密度城市街道　汤众 摄

② 街道与广场

拉斯维加斯整体格局规整有序，市区主要道路为北部的斯图尔特大街、南部的冈瑟斯大街、西部的主要大道和东部的拉斯维加斯大道。

拉斯维加斯大道[159-161]（也被称为狭长地带）长达 10 千米，集中了几乎所有的豪华度假酒店、商业娱乐设施以及会展建筑。这一条街道上的各大主题酒店使得街道仿佛万国博览会般热闹，游人可以得到一种全新和刺激的体验，获得充分的愉悦感。街道各处均有引人注目的视觉焦点，建筑装饰丰富多彩，成为城市景观的重要组成部分。

其他次要街道尺度也较为宽敞，两侧多为低矮的多层建筑，建筑密度较低，尺度宜人（图 4–53）。

③ 建筑形态

拉斯维加斯的商业娱乐、酒店建筑几乎都有明确的主题。这种主题渗透到建筑的每一个方面，从建筑的外观到内部的装修，从景观设置到服务人员都被强烈地主题化，力求给游客沉浸式的环境体验和梦幻乐园般的经历，如凯撒宫的古罗马风格主题、阿拉丁酒店的天方夜谭故事主题和金字塔度假酒店的古埃及文明主题等。拉斯维加斯汇集的这些世界闻名的建筑，均为足尺营建，但又赋予了新的功能，创造了充满个性的文娱环境，构成了城市特殊的美感。

米高梅酒店[162]位于拉斯维加斯大道和热带路交会的十字路口上，由好莱坞娱乐界巨头米高梅公司投资 10 亿美元建立，号称全世界最大的酒店。酒店的建筑风格模仿 18 世纪意大利佛罗伦萨别墅，内部装修则分别以好莱坞、南美洲风格、卡萨布兰卡及沙漠绿洲等为主题。

纽约 – 纽约酒店[163-164]展现了纽约的城市风貌，几乎重现了所有纽约的地标，其中包括自由女神像、帝国大厦、公共图书馆、中央火车站、纽约饭店和布鲁克林大桥等建筑，酒店内部的赌场也采用了中央公园的主题。

贝拉吉奥赌场酒店的主题来源于意大利北部小山村贝拉吉奥。贝拉吉奥拥有世外桃源般的美景以及地中海式的建筑风格，在山村最高处可远眺阿尔卑斯山和高莫湖。为此，酒店正前方挖掘出一个约 3.24 万平方米的水池，取名高莫湖。湖中设计音乐喷泉，有 1203 个喷水孔，6200 个灯光设备，从下午 3 点开始，湖中的喷泉每半小时就会伴随音乐翩翩起舞，成为拉斯维加斯最令人激动的城市动态景观和夜间美景（图 4–54）。

云霄塔（图 4–55）是云霄塔大酒店的一部分，是拉斯维加斯最高的建筑，达到 350 米。塔楼顶部为观景层，是饱览整个赌城的最佳位置。其外形设计灵感源于权杖，塔身线条流畅，呈十字平衡设计。

④ 日常活动

拉斯维加斯各个酒店日常都有围绕饭店主题的演艺活动。例如，中世纪风格的古城堡饭店的演出节目是亚瑟王时期的全副盔甲的马上枪术比赛，凯撒宫饭店内有模仿古罗马竞技场修建的剧场，海市蜃楼度假饭店是以白虎为主题的大型魔术表演。最著名的是金银岛饭店的海盗大战，每天傍晚都会在临街处上演 17 世纪英国海军官兵在加勒比海上与海盗之间的交锋[165-166]。

除去表演，拉斯维加斯还是喜欢冒险刺激游戏的人的理想天堂。这里汇聚了非常多惊险的游乐项目，例如马戏团酒店的探险之顶是世界上最大的室内主题游乐园，包含峡谷飞车、天旋地转、落水飞艇等惊险刺激的项目。云霄塔顶上的疯狂转轮是世界上最高的过山车，参观者可以在上面饱览拉斯维加斯狭长地带的全貌，尤其是晚上霓虹灯光的幻彩效果。在纽约 – 纽约酒店，参观者可以体验到曼哈顿快车的疯狂，它是世界上唯一一个具有滚筒式翻转和俯冲功能的过山车[167]。

图 4-54　贝拉吉奥赌场酒店音乐喷泉　汤众 摄

图 4-55　云霄塔　陈佳琪 摄

2）澳门——中国

（1）城市整体景观风貌

澳门（图 4–56）位于中国南部，地处珠江三角洲。澳门是国际自由港、世界旅游休闲中心、世界四大赌城之一。其三面环海，陆地部分包括澳门半岛、氹仔岛和路环岛，总面积因沿岸填海造地不断扩大。

澳门曾长期被葡萄牙人占领，作为葡萄牙殖民时期在远东的一个重要据点。1999 年 12 月 20 日，中国恢复对澳门行使主权。几百年来东西方文化在澳门碰撞交融，使其呈现出深厚的中华传统文化与葡萄牙南欧风情并行共存的城市风貌。2005 年，澳门历史城区被列入《世界遗产名录》。

图 4-56　远眺澳门半岛　汤众 摄

图 4-57　澳门填海新区

（2）城市景观格局

澳门的城市发展受到中葡两国政治、经济、文化等多重因素的影响。早期开埠之前，澳门半岛以中国传统村落为主，是典型的中国南方渔村形态。开埠之后，葡萄牙人带来了欧洲中世纪的造城思想，在澳门半岛中心区域构筑了城墙加炮台的城防体系，城内以教堂为中心划分堂区，以直街为骨架形成公共街道，半岛北部与西侧内港一带则保留中国传统村镇的形态。澳门回归后，大规模填海建设新城区（图 4–57）。现代博彩业的发展使澳门新城区呈现出现代化的城市面貌，超高层、大体量建筑改变了城市的天际线，博彩旅游综合体构成了澳门新城区的城市形态。

（3）城市特色景观

① 地形与地势

澳门由低丘陵和平地组成，地势南高北低。原先为一个独立的离岸小岛屹立海中，后来由于西江的泥沙冲积形成沙堤，才与大陆连接成为三面环海的半岛。岛上有多座山丘，如东部东望洋山[168]、望厦山，西部西望洋山，西北部青洲山等自然山体，是城市重要的自然休憩区和制高点。

② 街道与广场

澳门历史城区继承传统西欧城市的形态特征，以一条直街为城市轴线，连接堂区，形成城区骨架。但这条直街并非真的笔直，而是跟随地形变化呈不规则的线型，以沙兰仔街为起点，连接圣安东尼堂、大三巴、大堂等，向圣老楞佐堂延伸。直街两侧有鱼骨式的辅街向两边伸展，共同构成了澳门历史城区尺度宜人的街道空间和错落有致的街道景观[169-171]。

前地是澳门特有的街道空间形式，指建筑前的小型广场空间。受到地形影响，大多数前地空间呈不规则的形态，尺度大小与前地旁的建筑体量相协调。地面铺装常用葡萄牙传统的波浪形拼石形式，中式庙宇的前地通常铺装红黄碎石波浪形图案，教堂等西式公共建筑前则采用黑白碎石图案，色彩对比强烈，线条流畅，体现强烈的海洋文化特征。

图 4-58　大堂前地　汤众 摄

图 4-59　大三巴牌坊　汤众 摄

议事厅前地[172]以葡萄牙式的石块铺装成波浪图案，并在广场中央设置一座以浑天仪为纪念物的喷水池，用于纪念葡萄牙大航海时期的探索与发现。

大堂前地（图 4–58）采用鹅卵石铺设出具有基督教象征意义的阿尔法和欧米伽图案，中心为 7 层喷泉，代表天主教信仰的七大圣事，展示出澳门作为基督城的历史传统。

③ 建筑形态

澳门历史城区同时并存中式和葡式两种风格的建筑，尤以中西宗教建筑和平共处为一大特色。

中式庙宇最具代表性的要属澳门三大古庙——普济禅院、妈阁庙、莲峰庙。

普济禅院 173 是澳门规模最大的禅院，建于明朝末年，为著名僧人石濂大汕所创。主体建筑包括大雄宝殿、长寿佛殿、观音堂 [18] 三大殿堂，均是典型的明清南方佛教建筑风格，其后还有广阔幽深的寺院园林。

妈阁庙 174 供奉着护航海神妈祖，这也是澳门等沿海地区华人共同的信仰。庙宇位于澳门半岛西南端内港入口处，背山面海，沿崖而建。整座庙宇包括神山第一殿、正觉禅林殿、弘仁殿、观音阁四座主要建筑，是一处富有中国文化特色的古建筑群。

莲峰庙 175（也称天妃庙）初建于明朝，主要供奉天后娘娘，后因枕落莲峰山而得名。该庙由官府和商人出资共建，不仅可供民间祭祀，也可作为明清赴澳门中方官员的驻节公所 [19]。庙内还设有澳门唯一的庙学——普济莲峰学校。

葡式教堂则是典型的 16 世纪欧洲建筑风格。

大三巴牌坊（图 4–59）位于炮台山下，是 1580 年竣工的圣保禄教堂正面前壁的遗迹。牌坊高约 27 米，宽 23.5 米，为巴洛克式建筑风格，雕刻精细，巍峨壮观。大三巴牌坊是澳门八景之一，也是澳门的标志性建筑。

圣母玫瑰堂 176 位于澳门市中心板樟堂前地，是一座巴西利卡式教堂。圣堂建筑富丽堂皇，立面四层，构图形式对称，墙面色彩以黄色为主，白色勾勒，整体形式简洁，富有严谨的结构逻辑。

澳门现代建筑以葡京酒店和新葡京酒店 177 为代表。葡京酒店是澳门首家五星级酒店，位于澳门南湾友谊大马路西南端，主体建筑为一个圆筒形的葡萄牙风格建筑物，远看形状像一个鸟笼。因其博彩业功能，民间对其形态做出了多样的解读。新葡京酒店位于旧葡京酒店一侧，2008 年建成，高 228 米，是一家七星级酒店。酒店外形犹如一朵盛开的巨大莲花，是澳门半岛博彩酒店集中区域的标志性建筑。

3）迪拜——阿拉伯联合酋长国

（1）城市整体景观风貌

迪拜（图 4–60）位于阿拉伯半岛东部波斯湾南岸，是阿联酋第二大城市，也是迪拜酋长国的首府。迪拜是中东最富裕的城市，也是中东地区经济和金融中心。

迪拜从一片沙漠中发展成为传统与现代相融合的国际大都会，无数历史地标建筑塑造了迪拜的形象，而奢华的酒店集中于城市中心区，更为城市带来耀眼的天际线。

（2）城市景观格局

迪拜位于波斯湾南岸，城市中可看到优美的海岸景观和城市港口，是一个典型的海滨城市（图 4–61）。长约 14 千米东西流向的迪拜河将城市一分为二，北侧为迪拜老城区德拉，街道每隔几米就可以看到传统建筑形态的清真寺，南侧是迪拜新城区布尔迪拜，展示出一派蓬勃发展的现代都市样貌。

图 4-60　迪拜整体形态

图 4-61　迪拜景观格局

图 4-62　迪拜整体地势平坦

（3）城市特色景观

① 地形与地势

迪拜位于中东地区面向波斯湾的一片平坦沙漠之中，城市整体较为平整，有开阔的景观视野（图 4–62）。

② 街道与广场

迪拜老城区德拉的城市形态受限于水岸边界，街道从德拉西侧区域端头为中心向东侧呈放射状发散，街道尺度较窄，街区内部的道路大多蜿蜒曲折。

新城区道路网络较为规整，大型会展中心、顶尖的奢侈酒店和超级购物中心等密集分布于扎伊德大道组团的三角区域内[178]。作为迪拜的核心街道，扎伊德大道集中了城市各个阶段的地标建筑，如迪拜世贸中心大厦、酋长塔和迪拜塔等。

新城区另一个特色城市景观是迪拜著名的人工岛屿——棕榈岛，包含朱美拉棕榈岛、杰贝阿里棕榈岛、迪拉人工岛和世界岛，其中世界岛是世界上最大的人工岛[179]。经由人工设计的岛屿，形状优美，如世界岛由300座大小不同的岛屿组成，整个群岛组成了一幅世界地图的图案。其他三座人工岛都包括树干、树冠和新月形围坝三个部分，岛屿完全用沙子、岩石搭建成型，岛上栽种棕榈树，最终形成了规模庞大、令人震撼的人工景观。

朱美拉海滩路是沿海最昂贵的街道之一，这条路的尽头直通帆船酒店和朱美拉古城酒店[180]。

③ 建筑形态

迪拜地处阿拉伯，绝大部分居民是穆斯林，信奉伊斯兰教，因而建筑风格，尤其是传统建筑风格受到伊斯兰教极大的影响（图4–63），在聚落布局、平面布置、室内外装饰以及色彩处理等方面体现出鲜明的特色[20]。

朱梅勒清真寺[181]是迪拜最大的清真寺，依照中世纪法蒂玛王朝的建筑传统而建。建筑有两个尖塔和一个宏伟的拱顶，全部采用浅黄色石块建造，在迪拜湛蓝天空的映衬下显得异常庄严和精致。

由于石油带来经济的极大发展，使得迪拜成为全球最新最宏伟的建筑试验场，充斥着各种前沿新奇的新建筑。

帆船酒店[182]是全球第一个七星级酒店，高321米，建成时是世界最高建筑。酒店建造在填海的一座小型人工岛上，采用双层膜结构，形成了轻盈的造型，仿佛一艘巨大的帆船正在扬帆出海。

哈利法塔[183]共189层，高828米，是世界上第一个高度超过800米的建筑物[21]。建筑物平面为Y字形，外观由连为一体的管状多塔组成，具有太空时代风格。主塔加上三个侧翼，四组结构体自立而又互相支持，拥有严谨缜密的几何形态，增强了哈利法塔的抗扭性，大大减小了风力的影响，同时又保持了结

图 4-63　迪拜传统建筑

构的简洁。Y 字形平面也使哈利法塔在各个方向均有良好的景观视野。

棕榈岛亚特兰蒂斯酒店[184]位于迪拜人工棕榈岛，以柏拉图著作中描绘的理想国“亚特兰蒂斯”命名。其设计理念以神秘的亚特兰蒂斯为基础，在保留天堂岛地标性设计元素之余，融合了传统的阿拉伯设计主题。亚特兰蒂斯酒店的最大特色是大堂设有一个巨型水族缸，里面有 6.5 万条鱼，酒店还设有中东最大型的水上乐园。

4 后工业景观城市

后工业景观城市是指主要以各类工业发展起来的城市，在经过工业衰退后，以工业遗迹的修复、改造和再利用为主要方式重新激活城市活力，形成特殊的后工业景观的城市。

鲁尔工业区——德国

（1）区域整体景观风貌特点

鲁尔工业区是德国最大的传统工业中心，占地面积 4432 平方千米，由 11 个中等城市和 4 个地方行政区组成，其中包括多特蒙德、埃森、杜伊斯堡等著名的工业城市。历史上的鲁尔区是以采煤、钢铁、化学、机械制造等重工业为核心的老工业区。20 世纪 90 年代，政府对其进行改造，着力于历史的传承与创新、生态的保护与修复、设计的使用与艺术方面的提升，使之成为展现工业文明和自然景观的新型景观公园。

（2）区域景观格局

鲁尔工业区作为多中心网络化的城市群，城市向郊区延伸的趋势明显。鲁尔境内有莱茵、鲁尔、埃姆歇、里皮四条河流，其分布对鲁尔区的城镇布局产生了重要影响，是该区域空间发展的主轴线。鲁尔区的重要城市如杜伊斯堡、埃森、波鸿、多特蒙德等，均分布在上述四条河流沿线。Hellweg 低地成为区域城镇发展的密集之地。由于该区域气候温和湿润，大面积的森林和草地构成了整个地区的绿色空间主体，与相对紧凑的城镇建设空间相互穿插，形成鲁尔区最重要的区域景观特点。

在基于传统工业基地的区域改造中，工矿废弃地的空间开发再利用是重要的景观设计手法，在保持地区发展连续性的基础上，形成了各个地区独特的个性，并巧妙利用各种工业废旧产品作为雕塑，营造出特色鲜明的工矿景观。

（3）城市特色景观

① 地形与地势

鲁尔区属于北莱茵－威斯特法伦州中部 Variscan 山区的组成部分，是山地、平地、平原三种地质结构的交接地带，其间有数条河流以不同方向纵横分布，整个地区呈现东南高、西北低的总体态势。

② 典型景观

北杜伊斯堡的景观公园（图 4-64）是在原蒂森钢铁厂的遗址上改造的景观公园。设计师彼得拉茨巧妙地保留了原有场地的构筑物和植被，并尽量利用原有的废弃材料，用生态手段重塑园区的水循环，使之成为一个广受欢迎的综合休闲娱乐公园。

公园内的景观设计在竖向上分为地面和空中两个层次。地面层次包含水景元素和公共活动场地，水景由净化水渠、净水池、冷却池等水体构成，周边种有植被并设置亲水平台，公共活动场地则包含各类活动场地、花园及开放绿地。空中层次将铁路公园与高架步行道系统相结合，形成了独特的景观视野，同时在高处将各个独立的工业设施连接起来，丰富了景观的向度（图 4-65、图 4-66）。

图 4-64　北杜伊斯堡景观公园　陈佳琪 摄

图 4-65　北杜伊斯堡景观公园不同层次的景观　陈佳琪 摄

埃森矿业关税同盟煤矿基地是鲁尔工业区最具代表性的工业保护改造项目，2001 年被列入《世界遗产名录》。关税同盟煤矿Ⅻ号矿井曾是欧洲最大的矿井，始建于 1928 年。基地由东南部、东北部和西北部三个建筑群组成，建筑群之间为大面积的雕塑公园，且种植有茂密的植被。其中东南部是园区内最令人瞩目的展区，包括鲁尔博物馆、红点设计博物馆和Ⅻ号矿井。

鲁尔博物馆[185]由荷兰建筑师雷姆库哈斯设计，由洗煤车间改造而成。建筑外部设置了多条通道连廊，入口电梯与之融为一体，仿佛在重复过去矿石的输送路线，象征着原先工厂运作的逻辑。

图 4-66　亲水平台和水池　陈佳琪 摄

Ⅻ号矿井[186]巨大的四轮井架置于建筑群上方，在整个群体空间中起主导和控制作用，因其形态和尺度的特殊性成为该地区的重要标志。

红点设计博物馆[187]是世界上两座展示红点设计大奖得奖作品的博物馆之一，是很多工业设计从业者及在校学生膜拜的圣地。

奥伯豪森储气罐[188-189]曾用于供应周边钢铁厂所需的瓦斯燃料，直径 67 米，高 118 米，如今转变为欧洲最大的展览场所。因其特殊的功能和形态，成为一个全封闭单一的展览空间。罐顶是鲁尔区著名的观景台，在这里可以眺望奥伯豪森整个新的购物中心，其庞大的体量成为鲁尔区一个富有文化内涵的标志物，也成为奥伯豪森市的象征。

注：

[1] 明朝崇祯皇帝在景山东坡的一棵歪脖槐树自缢身亡，清顺治帝将此树加上锁链，谓之“罪槐”。

[2] 北京中信大厦（也称中国尊）位于北京中央商务区，建筑外形仿照古代礼器尊，高528米，是目前北京最高的楼宇。

[3] 建都之前，华盛顿所在区域是河谷荒野之地，有大片池塘和丛林。1789年美国联邦政府正式成立，总统乔治·华盛顿综合了各方意见，选定美国当时南北方的天然分界线——波多马克河畔长宽各16千米的地区作为首都地址，并请法国军事工程师皮埃尔·夏尔·郎方负责首都的总体规划。新都尚未建成，华盛顿便于1799年去世。为了纪念他，这座新都被命名为华盛顿，是美国政治、行政、司法和文化的中心。

[4] 1791年，法国建筑师和土木工程师朗方受华盛顿的委托，主持新首都的总体规划和设计。在他的规划中，受到了西欧的城市规划思想影响，确定了城市的南北轴线及主要道路。

[5] 参议员麦克米伦主导的规划，受波士顿公园体系的影响，延伸了国家林荫大道的绿色景观轴，增加了林肯纪念堂的西段节点，完善了华盛顿的纵向景观。

[6] 华盛顿纪念碑建于1884年，是为纪念美国首任总统乔治·华盛顿而建造的，是华盛顿哥伦比亚特区的地标性建筑，也是世界最高的石制建筑和最高的方尖碑建筑之一。

[7] 林璎，著名华裔建筑师，中国著名建筑史学家和诗人林徽因的侄女。越战纪念碑通过设计竞赛的方式征集方案，最后采用了当时耶鲁大学建筑学专业三年级的21岁华裔女学生林璎的方案。

[8] 华裔建筑师贝聿铭，1983年获得建筑界的最高荣誉普利兹克奖，被誉为“最后一个现代主义大师”。其作品以公共、文教建筑为主，善于采用立体几何的简洁形态处理复杂的建筑空间。

[9] 第二次世界大战后，柏林被分割为东西两个区域，东柏林是民主德国首都，西柏林则成为联邦德国在民主德国的一块飞地，被柏林墙围住。直到1990年两德统一，柏林重新成为德国的首都。

[10] 最初名叫路易十五广场，法国大革命期间称作革命广场，1795年改称为协和广场。在这个广场上，路易十六被人民送上他自己发明的断头台。

[11] 奥斯曼巴黎改造计划拆解了中世纪形成的城市格局，打破了传统空间形制对工业革命后新的城市内容的束缚，为巴黎注入了新的活力。当然，这种强硬的城市更新手法也受到了诸多批评。

[12] 在建造之初，拉·维莱特公园就定位于“一个属于21世纪的、充满魅力的、独特并且有深刻思想意义的公园；既要满足人们身体和精神上的需要，同时又是体育运动、娱乐、自然生态、科学文化与艺术等诸多方面相结合的开放性的绿地，并且还要成为各地游人的交流场所”。

[13] 2019年4月15日，巴黎圣母院发生火灾，塔楼尖顶被烧毁。2021年3月5日，修复工作正式开始。

[14] 引发中国五四运动的《巴黎和约》，就是在凡尔赛宫镜厅签署的。

[15] 特拉法加广场是为纪念 1805 年英国皇家海军战胜法国海军而建造的，广场南端的纳尔逊纪念柱是纪念此次战争中牺牲的海军上将雷肖・纳尔逊。

[16] 纽约是联邦条例下美国最后一个首都，也是美国宪法下美国第一个首都。1789 年，乔治・华盛顿在华尔街联邦厅宣誓就任美国第一任总统。

[17] 世界上第一高的建筑物为迪拜的哈利法塔，高 828 米。高度排在第三位的，则是广州“小蛮腰”，高 600 米。

[18] 普济禅院的观音堂之所以闻名遐迩，除了历史悠久之外，更因为这里是 1844 年清政府与美国签订第一个不平等条约《望厦条约》的签署地。

[19] 1836 年，钦差大臣林则徐深入澳门主持禁烟，在莲峰古庙中接见了葡澳官员，申明禁令，收缴鸦片、驱逐鸦片贩子，故今莲峰庙外立有林则徐雕像及纪念馆。

[20] 例如，建筑材料中广泛使用棕榈树作为家具、门、墙内骨架以及覆盖建筑屋顶等；采用生土作为房屋墙体用料，因为生土具有良好的温控性能，非常适合迪拜的沙漠气候，而石膏和珊瑚石则可以很好地防火。

[21] 哈利法塔一经建成就吸引了世界的目光，成为各大影视作品中最佳的取景地，最有名的便是在 2012 年汤姆・克鲁斯主演的电影《碟中谍 4》中完美地展现了这栋建筑的精美。

参考文献

[1] 陈煊，魏春雨，廖艳红．最大化可穿越性体验设计在丘陵城市设计中的运用：以英国爱丁堡新旧城建设为例 [J]. 中国园林，2012，28(12)：114-118.

[2] 陈烨．试析城市景观的概念及其本质 [J]. 新建筑，2004(5)：15-17.

[3] 窦强．行走在伦敦：一座独特的世界城市 [J]. 建筑创作，2010(6)：152-159.

[4] 韩振刚．日本京都民居建筑的审美特征 [J]. 书画世界，2018(2)：94.

[5] 何韶颖．清代广州佛教寺院与城市生活 [M]. 北京：中国建筑工业出版社，2018.

[6] 李硕．柏林城市新建筑与历史环境共生探研 [D]. 郑州：郑州大学，2017.

[7] 刘倩颖．柏林：城市街道的民主与活力 [J]. 国际城市规划，2015，30(S1)：116-119.

[8] 刘星．米兰城市文化空间解读与研究 [D]. 西安：西安建筑科技大学，2019.

[9] 沙永杰．日本京都新车站设计 [J]. 时代建筑，2000(4)：56-59.

[10] 沈玉麟．外国城市建设史 [M]. 北京：中国建筑工业出版社，1989.

[11] 王天禹．古歌余韵：日本京都桂离宫景观特色 [J]. 林业科技情报，2008，40(4)：70-72.

[12] 辛奕佳．日本京都城市肌理尺度研究及对中国古城发展的启示 [D]. 北京：北方工业大学，2019.

[13] 杨俊宴，孙欣，潘奕巍，等．景与观：城市眺望体系的空间解析与建构途径 [J]. 城市规划，2020(12)：103-112.

[14] 杨震，于丹阳，蒋笛．精细化城市设计与公共空间更新：伦敦案例及其镜鉴 [J]. 规划师，2017，33(10)：37-43.

[15] 张继刚，舒沐晖，刘春茂，等．山地城市景观形态特色浅析 [J]. 规划师，2007(10)：93-95.

[16] 张巍巍，牛宇佳．迪拜传统城市建筑风格成因分析 [J]. 山西建筑，2012，38(3)：14-15.

[17] 张钦楠．冲突与交融：伊斯坦布尔 [J]. 北京规划建设，2005(5)：176-179.

[18] 张笑言．巴黎城市公共空间体系研究 [D]. 武汉：华中科技大学，2015.

[19] 郑伯红，汤建中．伦敦巴黎河岸景观带建设的实践与经验 [J]. 城市问题，2002(1)：71-74.

[20] 郑默凡．厦门城市景观特色研究 [D]. 南京：东南大学，2006.

图书在版编目（CIP）数据

中外经典城市景观赏析/何韶颖主编.--重庆:重庆大学出版社，2023.3

“大美育课堂”新形态教材

ISBN 978-7-5689-3251-6

Ⅰ.①中… Ⅱ.①何… Ⅲ.①城市景观—鉴赏—世界—高等学校—教材 Ⅳ.①TU984

中国版本图书馆CIP数据核字（2022）第110691号

“大美育课堂”新形态教材

中外经典城市景观赏析

ZHONGWAI JINGDIAN CHENGSHI JINGGUAN SHANGXI

主 编 何韶颖 副主编 汤 众 陈佳琪

策划编辑：张菱芷

责任编辑：夏 宇 装帧设计：琢字文化

责任校对：关德强 责任印制：赵 晟

*

重庆大学出版社出版发行

出版人：饶帮华

社 址：重庆市沙坪坝区大学城西路21号

邮 编：401331

电 话：（023）88617190 88617185（中小学）

传 真：（023）88617186 88617166

网 址：http：//www.cqup.com.cn

邮 箱：fxk@cqup.com.cn（营销中心）

全国新华书店经销

重庆紫石东南印务有限公司印刷

*

开本：720mm×1020mm 1/16 印张：12 字数：203千

2023年3月第1版 2023年3月第1次印刷

ISBN 978-7-5689-3251-6 定价：78.00元
